U0805689

降水入渗补给地下水系统分析

齐登红　甄习春　王继华　郑　拓　朱中道　编著

黄河水利出版社

内 容 提 要

本书通过对郑州地中渗透仪观测资料的统计分析、系统响应分析、回归分析和土壤水运移模拟，总结了降水入渗的补给过程、补给模式、动态变化规律和影响因素，探讨了降水入渗补给和影响因素之间的相互作用过程以及降水入渗补给的滞后延迟效应；针对水资源评价中利用降水入渗系数(常数)计算降水入渗补给量的弊端，首次提出了降水入渗补给函数的概念，通过系统响应分析和回归分析，建立了不同水位埋深、不同岩性、不同降水特征、不同时间尺度等变化要素的降水入渗补给函数，用该函数计算的降水入渗量比较符合实际。通过对降水入渗过程的系统分析和模拟，分离了降水入渗补给量中活塞流和优先流的比例；为准确计算降水对地下水的入渗补给量、包气带中的优先补给问题提出了分析方法和途径。

本书可供从事环境、水文地质、农业、水利等工作的科技人员阅读参考。

图书在版编目(CIP)数据

降水入渗补给地下水系统分析／齐登红等编著. —郑州：黄河水利出版社，2007.6
ISBN 978-7-80734-205-2

Ⅰ.降… Ⅱ.齐… Ⅲ.降水-水源补给-地下水-系统分析
Ⅳ. P641.2

中国版本图书馆 CIP 数据核字(2007)第 065379 号

策划编辑：王路平　　☎ 0371-66022212　　E-mail:wlp@yrcp.com

出 版 社:黄河水利出版社

地址:河南省郑州市金水路 11 号　　邮政编码:450003

发行单位:黄河水利出版社

发行部电话：0371-66026940、66026550、66028024、66022620(传真)

E-mail:hhslcbs@126.com

承印单位:黄河水利委员会印刷厂

开本:787 mm × 1 092 mm　1／16

印张:5.5

字数:127 千字　　印数:1—1 300

版次:2007 年 6 月第 1 版　　印次:2007 年 6 月第 1 次印刷

书号:ISBN 978- 7- 80734 -205 - 2／P · 68　　定价:15.00 元

前 言

降水是地下水的主要补给来源。受降水、蒸发、包气带岩性、地下水位埋深等多种因素的影响，降水入渗过程异常复杂。为了研究水资源之间的转化关系，从 20 世纪 80 年代初期开始，我国许多部门在不同地区建立了地下水均衡试验场，积累了大量的气象、地下水入渗及蒸发、土壤含水量等资料。但由于经费问题等原因，大多均衡试验场的资料都没有被系统整理分析，对降水入渗过程和影响因素缺乏系统深入的研究。

在对河南省郑州地下水均衡试验场地中渗透仪试验资料进行分析整理的基础上，采用统计分析、系统响应分析、回归分析、土壤水运移模拟等多种方法，系统地研究了降水入渗补给和影响因素之间的相互作用过程、降水的入渗补给滞后延迟效应；建立了不同水位埋深、不同岩性、不同降水过程、不同时间尺度等变化要素的降水入渗补给函数；通过对降水入渗过程的模拟，分离了降水入渗补给中的活塞流和优先流比例。通过以上研究形成了本书的主要内容。

对郑州地下水均衡场内 7 种岩性地中渗透仪降水入渗补给过程的系统分析认为，各种岩性均存在活塞式和捷径式两种降水入渗补给模式。砂性土中入渗模式以活塞式为主，但是降水后，浅部(1 m 埋深以内)立即构成对地下水的入渗。砂性土入渗主要特征是地下水位埋藏较浅时，降水后入渗补给量迅速增大，然后迅速衰减。随着地下水位埋深增大，入渗过程线逐渐变缓，入渗补给流量变小。由于粘性土中普遍存在裂隙或大孔隙，其入渗补给以优先流为主，滞后和延迟的时间大大缩短，即使地下水位埋深达 7 m，在降水量较大时，滞后期也小于 3 d。在枯水期，降水强度小且不连续时，几乎不形成优先流补给，但在该阶段滞留于土壤中的水分在重力作用下缓慢下移，以活塞式入渗方式补给地下水。

郑州试验场地中渗透仪各种岩性都不同程度地存在降水入渗补给滞后和延迟效应，滞后与延迟时间的长短主要与岩性、水位埋深、降水特性和土壤前期含水量有关。对于砂性土，降水入渗补给的滞后和延迟时间随埋深加大逐渐延长，入渗补给延迟最长可达 2～3 个月；随着岩性颗粒的变细，滞后和延迟时间也呈增加趋势；旱季土壤含水量越小，入渗补给滞后时间越长；在汛期连续降水，土壤含水量迅速增加，入渗补给滞后时间则变短。对于亚粘土由于存在裂隙，降水后雨水从裂隙通道直接下渗，每一次降水都对应一个入渗过程，入渗补给滞后不明显，滞后延迟时间很短。

影响降水入渗补给地下水的因素比较复杂，均衡试验场中不考虑地形和植被的影响，主要有降水量、降水特征、包气带岩性、地下水位埋深等。通过对年和月降水入渗补给量与降水量的关系分析可知，在浅埋深的砂性土中它们之间呈显著线性正相关，即降水量越大降水入渗补给量越多。当年降水量过小时，由于降水量中相当一部分要补足包气带中的水分空缺，能补给地下水的有效降水量很少。砂性土降水入渗补给量随水位埋深的增加呈指数型递减，即降水入渗补给量呈现快速减少后趋于稳定。对于亚粘土，由于其中存在明显的优先流，入渗补给量随地下水位埋深变化较小。在相同的降水特征和水位埋深条件下，不同岩性的降水入渗补给量不同。降水入渗补给量大小，总体而言，开封粉细砂>驻马店亚粘土>许昌亚砂土>南阳亚粘土>安阳亚砂土夹薄层粘土和亚粘土。但是地下水位埋深不同，各岩性入渗补给量的大小顺序发生改变，地下水位埋深较浅时，降水入渗补给量大小变化为：开封粉细砂>许昌亚砂土>驻马店亚粘土>南阳亚粘土>安阳亚砂土夹薄层粘土和亚粘土。

降水入渗补给量受当期及前期降水量、蒸发量、地下水位埋深等因素的影响。特别是随地下水位埋深的变化是非线性的，不能单单利用传统的降水入渗系数和当期降水量的乘积来计算，而且降水入渗补给量存在明显的时间尺度效应。在综合分析降水与各种影响因素的关系基础上，提出了降水入渗补给函数的概念；即通过降水入渗补给与其影响因素之间的关系分析，用一个定量或半定量的数学表达式来描述它们之间的函数关系，并用该函数来计算降水入渗补给量，同时表征降水入渗补给量与其他各因素之间的定量关系。

采用系统响应分析，建立了不同岩性、不同埋深、不同时间尺度的降水入渗补给系统响应函数。用该函数比较准确地计算了相应岩性和地下水位埋深条件下不同降水特征的入渗补给量。在综合考虑多期降水、蒸发和地下水位埋深的基础上，建立了不同时间尺度上(年、月、日)的降水入渗回归模型。总结出年降水入渗补给量与年降水量成正相关，而与地下水位埋深成负相关。月降水入渗补给量主要受本月降水量以及前两个月的降水量影响。地下水月降水补给量与月蒸发量成负相关，其中前月蒸发量的影响大于当月蒸发量。降水入渗补给量随地下水位埋深增大而减小，其中黄土状亚砂土受地下水位埋深的影响最大，依次为亚砂土、轻亚砂土、亚粘土、亚砂土夹薄层亚粘土和粉细砂。而日降水入渗回归的计算误差较大，主要是受降水入渗补给滞后延迟效应的影响。

通过对降水入渗过程的系统分析和模拟，分离各种岩性入渗补给量中活塞流和优先流的比例。具体方法是：建立一维非饱和水分运移模拟模型描述土壤水分的垂向运移规律；若采用均质无大孔隙的岩性参数，则数值模拟是活塞式入渗问题的近似解，若忽略计算误差，则可认为是理论解；用该模型计算的入渗量为活塞式入渗量的理论值；实际入渗补给量高出理论计算值的量，可以认为是优先流的入渗补给量。因此，只要知道某种岩性的水力参数，通过数值模拟得到的理论值与实测值的对比，即可以判断是否存在优先流，并能确定优先流的量。通过对郑州均衡试验场开封粉细砂、新乡轻亚砂土和驻马店亚粘土三种岩性的降水入渗过程的系统分析和数值模拟，发现各岩性中均存在较为明显的优先流现象，岩性不同优先流占的比例不同。

总之，本书通过对郑州地中渗透仪观测资料的统计分析、系统响应分析、回归分析和土壤水运移模拟，总结了降水入渗的补给过程、补给模式、动态变化规律和影响因素，探讨了降水入渗补给和影响因素之间的相互作用过程以及降水入渗补给的滞后延迟效应；针对水资源评价中利用降水入渗系数(常数)计算降水入渗补给量的弊端，首次提出了降水入渗补给函数的概念，通过系统响应分析和回归分析，建立了不同水位埋深、不同岩性、不同降水特征、不同时间尺度等变化要素的降水入渗补给函数，用该函数计算的降水入渗量比较符合实际。通过对降水入渗过程的系统分析和模拟，分离了降水入渗补给量中活塞流和优先流的比例；为准确计算降水对地下水的入渗补给量以及包气带中的优先补给问题提供了分析方法和途径。

本书是在国家自然科学基金(40472123)研究项目基础上编写的，得到了张宗祜院士、靳孟贵教授的精心指导；刘延锋博士后以及彭涛、林丽蓉、曹英兰、孙蓉琳等博士为本书编写工作提供了支持和帮助。河南省地质环境监测院杨昌生院长、郑拓副院长等给予了大力支持，并提供了大量的资料和建议，在此谨向他们表示衷心的感谢！

降水入渗补给地下水是一个复杂的过程，本书是在分析研究郑州地下水均衡试验场试验资料的基础上编写的，代表性受局限。由于本人知识和能力有限，书中肯定存在不少的问题和错误，恳请得到读者和专家的指正和批评！

作　者

2006 年 12 月

目 录

第一章 绪 言

第一节 研究的目的和意义

水资源是人类赖以生存的物质基础，是人类文明的源泉。水资源既是基础的自然资源，又是战略性的经济资源，是一个国家综合国力的有机组成部分。随着世界经济的迅速发展，水资源开发利用的规模日益扩大，水质污染日趋严重，造成淡水资源严重不足。因此，国际社会对水资源密切关注，越来越重视水科学的基础研究，并加强对水资源的管理，促进全球环境与经济的协调发展。

地下水是水资源的重要组成部分，降水是地下水的主要补给来源，因此研究降水对地下水的入渗补给尤其显得重要。在地下水资源评价中无论采用水量均衡计算法还是数值计算法，其评价的精度和结果是否符合实际，都与降水入渗补给问题的研究程度有密切关系。受气候和人类经济活动的影响，降水入渗补给量不断发生变化，研究降水入渗补给量的变化是预测地下水资源量变化的重要环节。研究降水、土壤水和地下水的相互转换关系，特别是研究降水入渗补给是地下水开发利用研究中的重要课题，在土壤和地下水污染防治中对降水入渗补给问题的研究同样具有重要作用。

受降水、蒸发、气温、风速、湿度、包气带岩性、地下水位埋深等因素的影响，降水入渗过程异常复杂。为了研究水资源之间的转换关系，从 20 世纪 80 年代初期开始，我国许多部门在不同地区建立了水均衡试验场，积累了大量的气象、降水入渗及蒸发、土壤含水量等资料。在水资源转化、土壤水入渗机理等方面取得了一系列研究成果，但这些研究成果都是阶段性的。由于经费和其他原因，大多对降水入渗补给的研究不够深入，而且对降水入渗过程和影响因素缺乏系统深入的研究。

本书在对河南省郑州地下水均衡试验场观测资料分析整理的基础上，采用统计分析、系统响应分析、土壤水运移模拟等多种方法，总结了降水入渗补给和影响因素之间的相互作用过程以及降水在土壤中的入渗过程；建立了不同水位埋深、不同岩性、不同降水过程、不同时间尺度等变化要素的降水入渗补给函数；同时研究降水入渗的优先流和滞后延迟效应；为地下水资源评价提供较为可靠的入渗补给量，为水资源转化规律的研究提供科学依据。

第二节 国内外研究现状

一、降水入渗补给量评价方法

关于降水入渗补给地下水问题的研究始于 20 世纪 60 年代。主要在进行地下水资源评价时，计算降水入渗量和降水入渗系数。利用地下水动态观测资料，采用公式 $q=\mu(z)\Delta h$ 来计算降水入渗补给量，$\mu(z)$为依水位埋深而变的给水度，Δh 为地下水上升或下降的幅度。这种方法概念明确、计算简便，但降水入渗是一个十分复杂的过程，要求有较多的地下水动态资料，而且式中的给水度因测定方法的不同易引起测量误差，Δh 的测定受到地下水侧向径流的影响。

20 世纪 80 年代之后，在开展大量的室内外试验和野外地下水动态观测工作的基础上。通过降水入渗补给过程和机理的研究，使降水入渗补给土壤水、地下水的理论和应用研究进入了一个新阶段。近 20 年来引入了能态学的观点，例如雷志栋、杨诗秀等 1988 年所撰写的《土壤水动力学》，张蔚榛等人 1996 年所著的《地下水与土壤水动力学》，都是利用土壤水动力学方法研究土壤水入渗问题，分析降水在土壤中的入渗规律，计算降水入渗补给量。归纳起来，降水入渗补给量的评价方法有以下几种。

(一)水量均衡法

根据水量守恒定律，对土壤层(或包气带)可以写出水量平衡方程，只要能弄清计算区域边界范围内外的水分交换量，取得水量平衡分量的测定值，就可以得到所求入渗分量的值。该方法的优点是限制条件少、适用范围大，方法的精度依赖于各平衡分量测定方法的准确度。在各分量测定中，有效降水量、土壤水腾发量较难确定。

(二)定位通量法

在国内，雷志栋、杨诗秀、谢森传等(1988)对非饱和土壤水一维流动进行了研究，利用定位通量法计算潜水入渗补给量和土壤水分蒸发量，取得了较好的效果。周金龙、姚斐等(1998)主要依据新疆地勘局昌吉地下水均衡试验场不同水位埋深条件下的地渗仪、负压计和中子仪组合观测资料，分析了定位通量法计算内陆干旱区潜水垂向入渗补给量的适宜性。

(三)零通量面法

根据土壤剖面上土水势的变化确定土水势变化梯度为零的面(零通量面)，零通量面以下土壤含水量的变化为地下水补给量(含地下水蒸发)，零通量面以上土壤含水量的变化为土壤水腾发量。方法的精度取决于零通量面的确定和土壤含水量的测定，这一方法的应用取得了好的成效。邱景唐(1992)用零通量面法计算潜水蒸发量和补给量，在潜水位深埋区有较好的适用性。但是零通量面法的存在是有条件的，在雨季频繁降水时期，土壤很快形成入渗型的水势剖面导致零通量面消失。如果零通量面出现在植物根系层内，零通量面法也不能应用。如果零通量面消失，即可利用定位通量法计算入渗补给量。为了弥补零通量面法的不足，雷志栋等提出了零通量面法和定位通量法相结合的方法。

(四)蒸渗仪观测法

该方法是直接测定土壤水腾发、地下水入渗补给和蒸发的有效方法，其测量结果常用来衡量其他方法效果的好坏。测试仪根据测量对象，可分为两类，即用于测量土壤水腾发的蒸渗仪和用于测量地下水入渗补给和蒸发的地中渗透仪(含蒸发筒)。Aboukhaled(1981)对各种蒸渗仪的设计、建造、性能和缺陷进行了详细总结，Schneider A D 等(1988)对美国称重式蒸渗仪进行了归纳。结果表明，蒸渗仪精度最高可达 0.01

mm。随着地下水、土壤水和大气水转换关系研究的深入，李宝庆等(1991)设计和制造了同时具有蒸渗仪和地中渗透仪功能的大型称重式蒸渗仪，能够同时测定土壤水腾发、地下水入渗补给和蒸发，直径 2 m，深 5 m，精度达 0.02 mm，为研究地下水入渗补给和土壤水腾发开辟了新途径。但蒸渗仪建造耗时长，技术复杂，费用昂贵，需要土方开挖，会对周围土壤和植物生长产生不同程度的影响。另外，蒸渗仪的土壤条件和植物生长受器壁等边界效应的影响与大田有所差异，同时蒸渗仪不能反映由自然因素和人类作用引起的空间变异性。

(五)化学示踪法

在国外用化学示踪法计算降水入渗补给量。常用的天然示踪剂有 ^{3}H、^{14}C、^{36}Cl、^{18}O、^{2}H、^{13}C 和 Cl。其中 ^{3}H、^{2}H 和 ^{18}O 本身是水分子的组成元素，用于模拟地下水分运动是最精确的。环境中氯离子具有较高的溶解性和稳定性，是一种理想的天然示踪剂，在国外广泛应用于研究干旱、半干旱气候条件下的降水入渗补给量以及包气带中水分运移过程。氯离子平衡方法的应用是一种最简单的示踪方法，成本较低，能综合反映包气带中影响水分运动的各种过程；但是它只能对地下水补给量进行间接估算，且不能克服地下水补给的空间变异问题。Eriksson 于 1969 年提出氯离子均衡法，根据质量守恒定律，求出降水量的大小和降水输入的氯离子浓度与入渗补给量及土壤中氯离子浓度之间的关系式，用该式可计算降水入渗补给量。Allison 等(1994)在干旱半干旱地区(年降水量小于 700 mm)，提出了利用氯离子浓度积累剖面法计算入渗补给量。陈植华、徐恒立(1996)介绍了国外氯离子示踪的原理和方法、使用的前提条件以及如何用氯离子示踪法确定干旱–半干旱地区降水入渗补给量等。

二、降水入渗补给量与其影响因素之间的关系研究

在降水入渗补给与影响因素的关系分析研究方面，定性分析和定量分析的成果都比较多。常用的分析方法为：选择影响降水入渗的诸因素中若干主要因素，绘制关系曲线进行对比或用数理统计方法来研究它们之间存在的数量关系、降水入渗规律。例如，许志荣(1980)等利用地下水动态观测资料，研究了降水入渗补给地下水的规律和影响因素；利用降水–潜水水位上升值相关法和水量均衡法求取降水入渗补给量和降水入渗系数，用于商丘地下水资源评价研究中。降水入渗补给不仅同岩性、降水量有关系，而且同地下水位埋深、前期土壤含水量、植被和作物种类等有关系。张平(1999)根据野外现场测定资料绘制给水度与地下水位埋深的关系曲线图，来研究降水量、水位埋深、降水入渗补给量等因素之间的关系。李文兴(1997)依据动态观测资料分析了有效降水和无效降水，确定了门限值，认为当降水量较小时，降水只能湿润浅层包气带，雨停后又很快耗失于蒸发，对地下水均无补给；但当降水量大时，土壤含水量增加形成重力水向下补给潜水，形成有效补给；当降水量很大超过重力水补给强度时，形成地表径流，通过分割潜水水位过程线、试验方法以及用统计模拟方法求取无效降水门限值。刘廷玺(1999)采用变步长模拟优选法、非线性规划法及回归分析对降水量与较大地下水位埋深的关系进行了研究，建立了它们之间的关系式。

降水入渗补给过程中存在着明显的滞后和延迟效应。在降水入渗滞后和延迟的研

究方面，Rubin J 和 Steihardt R(1999)依据动态观测资料建立的一阶自回归模型，利用这一关系模型研究降水入渗滞后补给和其他因素之间的关系。Viswanathan(1984)所建入渗模型通过引进“遗忘”因子和采用最小二乘法估算模型研究降水入渗补给的滞后延迟效应和入渗补给规律。李云峰(1997)对降水入渗补给潜水的滞后分配进行了研究。将降水入渗补给过程用一条正偏态分布曲线来描述，把每次的降水看做是潜水入渗系统的一次“脉冲式”输入，选用瑞利分布的概率密度函数来描述潜水对降水入渗的响应过程。求出该函数之后，即可计算考虑滞后的单位时间入渗补给量。吴金全等(1989)考虑了蒸发对补给过程的影响，在用γ分布研究一次降水补给地下水的基础上利用叠加原理得到一系列降水对地下水补给的响应函数模型，来研究降水入渗的滞后补给。陈崇希(1998)以包气带地下水非饱和理论为基础，考察不同水位埋深和岩性条件下，某时段降水对该时段及其后时段补给强度的分布特征。当潜水位埋深较大时入渗强度是一单峰函数，当埋深较小时可能是单调减函数。用各月的入渗补给系数与总入渗系数的比值作为滞后补给权函数，经反复研究选用一离散函数来表征滞后入渗补给的权函数分布，绘制典型的权函数曲线图，用该图可计算降水入渗滞后补给量。王增银、李世忠(1998)对中深层地下水降水入渗延迟补给进行了系统分析，研究了在中间存在弱透水层相隔的孔隙含水系统，降水先补给潜水，然后经弱透水层再渗透补给中深层水的问题。采用系统分析法求得降水延迟补给权系数方程，则可求得降水量延迟补给分配问题。

在水资源转换的研究中，开展了很多野外及室内的试验工作。最有代表性的试验是利用地中渗透仪观测资料，配合气象观测资料研究降水入渗补给量和影响因素之间关系。周金龙(2002)根据新疆多个地下水均衡试验场的观测资料总结出降水入渗补给的影响因素。分析了降水量与入渗补给量之间的关系，研究了不同水位埋深、不同岩性降水入渗量的变化关系。周旻、靳孟贵等(2003)利用郑州地中渗透仪资料对降水入渗进行了研究，总结出入渗补给规律。

三、降水入渗过程模拟研究

随着土壤非饱和水流理论的发展以及近代物理学、数学的渗入，土壤水分运动的数值模拟得到了迅速发展。随着高效的有限单元法、控制体积法和快速计算机的出现，使得可以解决诸如饱和–非饱和变化、土壤物理性质的空间变异性、植物根系吸水等复杂的非稳定流问题(Simunek 等，1996；Heinen 等，1998)。降水入渗过程模拟研究是在土壤水分运移理论基础上于 20 世纪 80 年代初发展起来的，在求解土壤水入渗、地下水补给和蒸发方面取得了较好成果。Philip(1969)在 Richard 方程(1931)的基础上完善了入渗理论，建立了土壤水运动方程和土壤水热运动方程。Hilled(1977)通过野外试验，求得了计算裸露土壤蒸发条件下土壤水分运动的上边界条件，并用数值模拟的方法通过实例，分析了降水蒸发条件下层状土壤剖面土壤水分运移和相互转化关系。张蔚榛、张瑜芳(1984)对垂直一维均质土壤在降水入渗及蒸发条件下土壤水分运动进行了数值模拟。雷志栋(1988)全面概括了数值模拟方法的理论、发展和应用情况。在特定边界条件和初始条件下，求解土壤水运动方程获得了简单情况下地表入渗率或地下水补给量的解析解或半解析解，为理解土壤水分运动机理提供了有利条件。随后采用有限差分法或有限单元法模拟在较复杂的边界条件和初始条件下的土壤水分运动，以了解入渗、补给的动态变化。Chanzy(1993)利用土壤水热运移方程和有限单元法研究了地表土壤含水量和土面蒸发量的关系，提出一个输入参数较少的计算公式。吴金全等(1996)利用有限单元法模拟结果按潜水位埋深将地下水分为三类，并对每类地下水建立了降水和地下水补给之间的关系。该方法的不足之处在于所建立的数值模型都需要土壤水分运动参数(如非饱和渗透系数、比水容量等)，例如非饱和渗透系数是土壤含水量或土水势的函数，无论室内还是野外测定都存在困难，特别是在土壤干燥的情况下，含水量的微小变化会引起非饱和渗透系数的很大差异，因此数值模拟方法对于复杂条件下的土壤水分运动问题有待深入研究。

用数值模拟来刻画降水入渗过程的实例很多。王文焰等(1995)根据能量原理对砂层在黄土中的入渗特性进行了一维土柱的入渗试验研究和数学模拟。结果表明，在黄土中设置砂层不仅具有良好的阻水性，使下渗水流在一定限度内滞留于砂层以上的土体内，增加了上层土壤的持水能力；而且还有减渗性，使下渗水量及入渗锋面的湿润速度明显减小；还可将入渗的非线性过程转化为线性过程，从而使整个入渗过程进入一个具有较小入渗速率的稳渗阶段。张光辉(1992)将大气水、包气带水和地下水视为统一体，以水量和能量双重观点来模拟研究“三水”垂直转换关系。建立数值模拟关系式，通过 $Q \sim \Delta Q$ 坐标图系来描述“三水”定量转化关系及其时空分布规律(其中：Q 为地下水补给量与蒸发量的差值；ΔQ 为土壤水含水量的变化量)。冯绍元等(1998)选择野外田间做人工降水入渗试验，设计四种降水强度，分别为 0.8 mm/min、0.74 mm/min、0.60 mm/min 和 0.45 mm/min，并对降水入渗过程进行数值模拟，认为不同降水强度条件下的降水入渗系数无明显的差异性；在数值模拟的基础上，建立了初始土壤入渗速率与累计入渗量关系表达式，提出了初始土壤含水率分布均匀时降水–入渗–径流过程的简便分析计算方法。

四、降水入渗过程的土壤水分运移研究

降水入渗补给地下水过程中，必须经过包气带介质——土壤，因此研究降水入渗机理就是研究降水在土壤中的运移机理。土壤水分的运移是十分复杂的，由于问题的复杂性，在相当长的时期内，只能处于定性的描述或用各种经验的方法来分析研究生产实践中不断遇到的土壤水分运移问题。自从 1907 年白金汉(Buckingham)提出毛管势理论，1931 年理查兹(Richards)导出非饱和流方程，数学物理方法被逐步引入了土壤水的研究，使该领域的研究有了长足的进步，逐步由静止走向动态、定性描述走向定量、经验走向机理(Jacob Bear，1966)。国际潮流上有用能态观点研究土壤水逐步地取代以形态学观点与方法(以苏联 A A 罗戴为代表)研究的趋势。《土壤水》(Nielsen、D R Jackson，1972)一书，较系统地介绍了用水势观点研究土壤水分运移的机理。Hillel D 编著的《土壤和水》(1971)、《土壤水动力学的计算模拟》(1977)、《土壤物理学的应用》(1980)等在 20 世纪 70 ~ 80 年代陆续发表，90 年代以来更有许多新成果问世，使土壤水分运移研究进入了一个新阶段。

过去土壤水分运移的研究，主要引用苏联罗戴为代表的形态学观点。20 世纪 70 年代末期，随着我国改革开放，各种学术流派百花齐放。最具有代表性的是在第一次全国土壤物理学术讲座会上(1977 年 12 月杭州)，土壤水分运移的能量学观点首次被介绍到国内(庄季，1977)，使人耳目一新。20 世纪 80 年代开始，我国科技工作者在吸收国际学术界各种有益的学术观点基础上，相继开展了土壤水分运移的理论与试验研究，学术气氛十分活跃，国际、国内间的交流也日益增多。这 20 年是我国土壤水分运移研究发展最快的时期。除了一批译著的出现外，国内的有关土壤水(或以土壤水分运动为其重要内容的)专著或著作陆续问世。例如，雷志栋、杨诗秀等所撰写的《土壤水动力学》(1988)，荆恩春等(1994)著的《土壤水分通量法实验研究》，康绍忠、刘晓明、熊远章(1994)等所著《土壤—植物—大气连续体水分传输理论及其应用》，张蔚榛等人所著的《地下水与土壤水动力学》(1996)，杨邦杰等(1997)所著《土壤水热运动模型及其应用》，李韵珠、李保国(1998)编著的《土壤溶质运移》，靳孟贵等(1999)所著《农业—水资源—环境相协调的可持续发展》等，都反映了我国近 20 多年来此方面研究成果的丰硕。我国土壤水分运移研究近 20 多年的发展，使我们已从国际上土壤水学科中脱颖而出。研究的特点亦从单学科走向学科交叉；从均质走向非均质，从点的研究走向面(或区域)的研究，从理论研究推进到应用研究。

五、降水入渗过程中的优先流研究

优先流的研究是基于对土壤水分运动机理研究时提出的，多在实验室从微观上来研究优先流。优先流通常分为三类，即大孔隙流、指流、漏斗流。目前，对优先流已有一些理论研究和试验成果，在理论上亦推导出一些模型。20 世纪 70 年代中期以后，两域或多域的模型被广泛用于描述大孔隙土壤中的水流和溶质运移(Edwards，1979；Beven，1981；Germann，1985；Lee Earthworms，1985；Boonsta、Bhutta，1996)。Workman 和 Skaggs(1990)模拟了含有一个理想圆柱形大孔隙土壤的积水入渗问题，他们使用 Hagen – Poiseuile 定律来描述大孔隙流，从大孔隙向基质的入渗则使用一个包含压力头梯度作为驱动力的经验项来模拟(Greke 和 VanGenuchten，1993)，以简代繁，提出了一种新的数值双重孔隙模型。该模型假定在两个孔隙系统中对水流都能应用 Richards 方程，从而统一了二域之间的计算。对于二域之间的水和溶质的质量传输，则采用准经验一阶速率方程来描述。通过模拟非饱和结构性多孔介质中的非稳定水流和溶质传输的研究，提出了双重孔隙的概念，探讨了流动参数的选择对模型结果的灵敏度以及在实际应用中模型的有效性。但总的说来，优先流的机理仍在探索阶段。

国内对土壤中优先流的研究，只是近几年的事，如秦耀东等(1998)根据二域模型，讨论了大孔隙对田间耕层土壤饱和导水率的影响。想要弄清楚大孔隙流的运移机理还需较长的时间，大孔隙在土体中是随机分布的，因此应用随机模型而不是确定性模型来描述土壤水和土壤溶质的运移过程，目前对大孔隙流的研究应采用以随机的研究方法(如传递函数模型)为主，同时对大孔隙流的运移机理进行有益的探索。

综上所述，国内外学者就降水入渗问题的研究，对认识降水入渗补给规律和入渗机理、计算降水入渗补给量、提高地下水资源评价的计算精度起到了重要作用。但是，很多研究都是围绕某项课题或单项试验进行的，对降水入渗补给过程缺乏系统深入的研究，同时对于降水入渗补给的滞后和延迟效应以及降水入渗补给优先流问题的研究也较少。

第二章　均衡试验场概况

第一节　自然地理概况

均衡试验场位于河南省郑州市西南郊中原区卧龙岗村(见图 2-1)。郑州市地处中原，北临黄河，西依嵩山，是河南省省会，中部地区重要的人流、物流集散地，是我国重要的交通枢纽，中原腹地最大的航空港，公路四通八达，交通便利。地理坐标东经 113°26′～113°40′，北纬 34°36′～34°57′。郑州市区辖中原、金水、二七、管城、惠济等五个区，面积 1 010.3 km^2，城建区面积 170 km^2，人口约 239.85 万人。郑州古为商代都邑，已有 3 000 多年的历史。近年来经济发展势头强劲，郑州市国民经济以年均 15%的速度增长，2004 年国民生产总值达 530.08 万元。成为内陆对外开放和历史文化名城，跻身于全国综合实力 50 强城市行列。

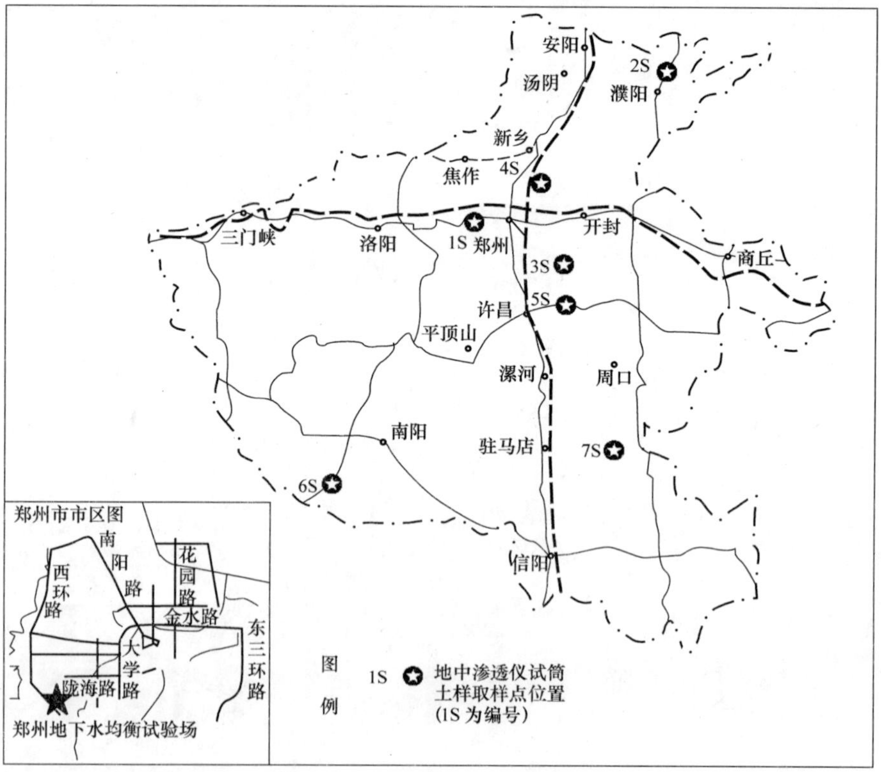

图 2-1　河南省郑州地下水均衡试验场及地中渗透仪试筒土样取样点位置

郑州市处于豫西丘陵岗地与黄河冲积平原接合部。地形为西南高、东北低，自西南向东北倾斜。以京广铁路为界，分为西部侵蚀堆积地貌和东部堆积地貌。西部侵蚀堆积地貌由黄土台塬、塬前冲积岗地和冲洪积平原组成；东部堆积地貌由黄河冲积平原和风积沙丘、沙地组成。

郑州属暖温带半干旱气候，四季分明，春季干旱风沙多、夏季炎热雨集中、秋高气爽日照长、冬季寒冷雨雪少为其主要特征。多年平均气温 14.25 ℃，冬季(12 月至翌年 2 月)气温最低，夏季(6～8 月)气温最高，年温差 27 ℃。极端最高气温可达 43 ℃(1966 年 7 月 19 日)，极端最低气温–17.9 ℃(1971 年 12 月 27 日)。该区为季风区，夏季盛行南风，秋末冬初盛行西北风，冬季以东北风和西北风为主，多年平均风速 2.95 m/s，最大风速 20.3 m/s(1980 年 12 月 1 日)。郑州降水量适中，但年际变化较大，年内分配不均。据郑州市气象局 1951～2003 年资料统计，多年平均降水量 601.5 mm，最大 1 041.3 mm(1964 年)，最小 339.4 mm(1997 年)。降水多集中在 7～9 月，平均降水量 335 mm，占多年平均降水量的 53%，1 月、2 月、3 月三个月降水量只有 30 mm，不足全年降水量的 5%。多年平均蒸发量 2 058.6 mm，相对湿度 66%。郑州市多年平均气象要素，见图 2-2。

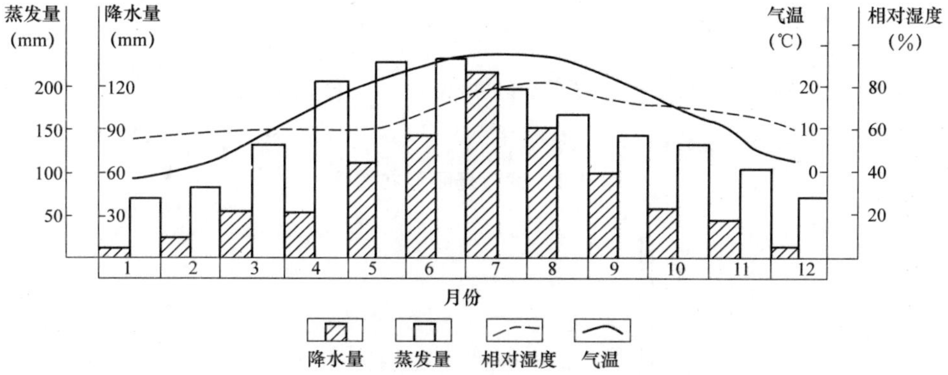

图 2-2　郑州市多年平均气象要素图

第二节　试验场设计

一、试验场布置

郑州地下水均衡试验场建于 1983 年，1984 年试验场开始运行。均衡试验场的设计由地中渗透仪和气象观测场两部分组成，试验场的总体布置见图 2-3。

地中渗透仪地下观测室为一直径 8 m、高 11.5 m 的碉堡式半地下建筑。地中渗透仪共 35 套，呈环形排列在地下观测室周围(见图 2-4)。

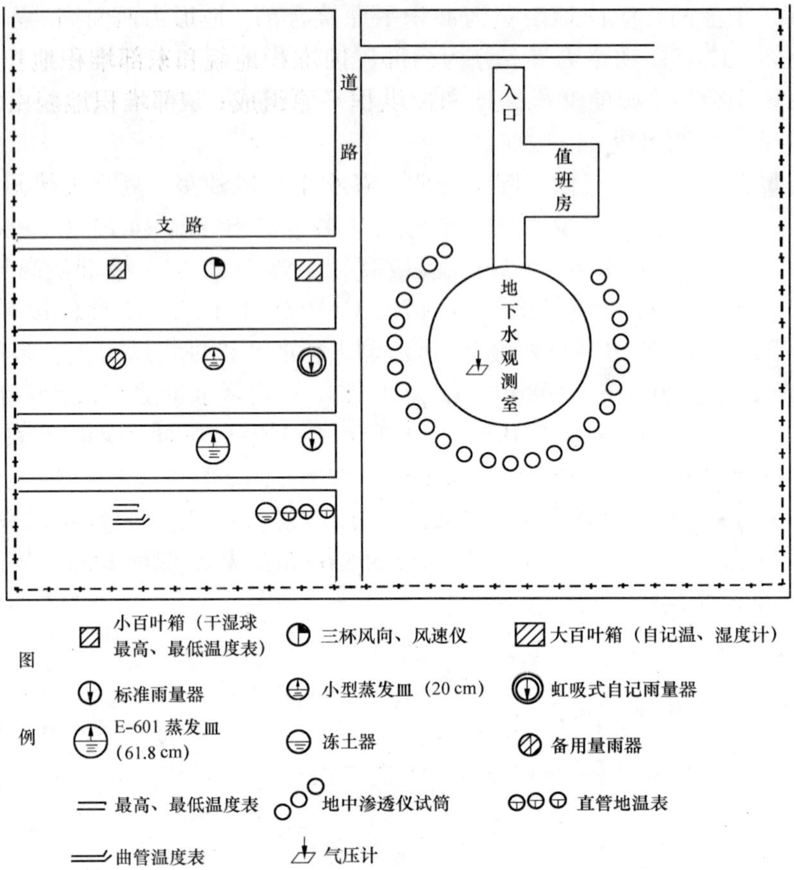

图 2-3　试验场平面布置图

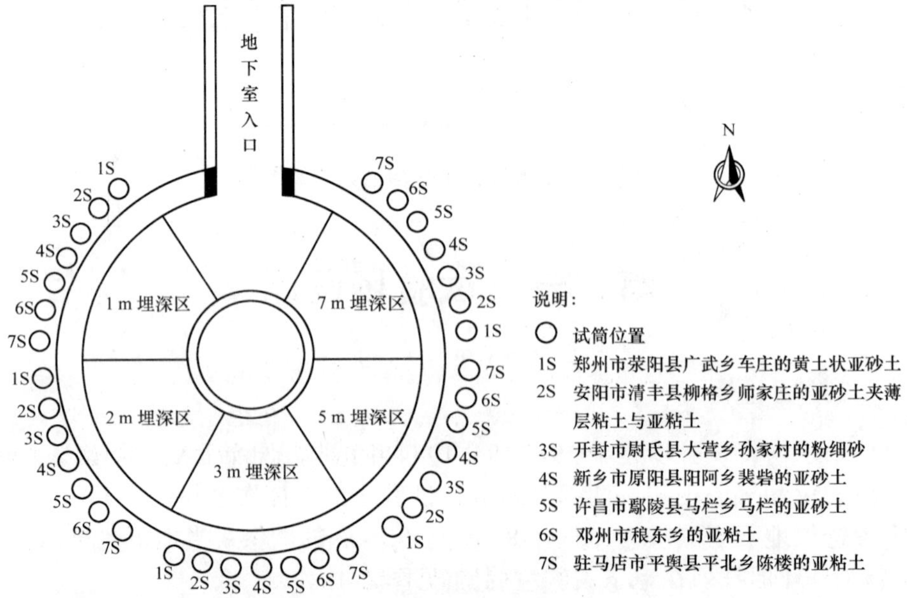

图 2-4　郑州均衡试验场地中渗透仪布置图

二、试验装置

地中渗透仪的试验筒采用内径 50.46 cm，厚 1 cm，截面积 2 000 cm^2 的聚氯乙烯塑料试筒。试筒内的土样均在现场采集。

根据地质、地貌、水文地质特征，在河南省平原区共取 7 组土样(见图 2-1)。其中黄河冲积平原三组，第 1 组为安阳市清丰县柳格乡师家庄村的亚砂土夹薄层粘土与亚粘土。岩性为黄色亚砂土夹白色粉砂透镜体，颗粒均匀，无塑性，夹层为棕红色粘土、黄色亚粘土，结构密实，颗粒均匀，成薄层状，每层厚 2 ~ 5 cm。第 2 组为新乡市原阳县阳阿乡裴砦村的亚砂土。岩性为黄色亚砂土，颗粒均匀，可见矿物细颗粒有云母、石英、长石等。第 3 组为开封市尉氏县大营乡孙家村的粉细砂，岩性为黄色粉细砂，成分以石英、长石为主，并见有云母细片，含有微量的细泥。在淮海平原取两组，第 1 组为许昌市鄢陵县马栏乡的亚砂土，岩性为上部呈褐色、灰褐色亚砂土，下部为灰黄色、灰白色亚砂土；第 2 组为驻马店市平舆县平北乡陈楼村的亚粘土，岩性为褐色、黄褐色亚粘土，含少量粉砂和铁锰结核，裂隙比较发育。在南阳盆地取一组为邓州市穰东乡的亚粘土，岩性为褐色、黄褐色亚粘土，有铁锰结核，裂隙发育。豫西黄土区一组为郑州市荥阳县广武乡车庄村的黄土状亚砂土，岩性为黄土状亚砂土，垂直节理发育，颗粒均匀、结构松散。

地中渗透仪的试筒分别按不同岩性、不同水位埋深要求进行拼接，接口用塑料焊条焊牢，外涂沥青三层，并用两层塑料薄膜包紧，不能漏水。原状土样组一节一节拼接，扰动粉细砂拼接一节后装入土样并注水密实一节，之后再拼接。图 2-5 是亚砂土夹薄层粘土与亚粘土试筒组装图，其他岩性组装与该图相同。

这 7 组土样基本上代表了河南省平原地区的岩性特征。粉细砂为扰动样，其他 6 组为天然原状土样。每组取不同深度土样 5 组，分别设计 1 m、2 m、3 m、5 m、7 m 等 5 个水位埋深。共计取试筒样 35 个。

气象场部分包括直径 20 cm 的雨量器和虹吸式自记雨量计一套；直径 20 cm、61.8 cm 的蒸发皿两套；大百叶箱一套，内装自记温度计和湿度计；小百叶箱一套，内装干球、湿球温度表，湿度表；风向风速计；气压计；地温表；冻土器等。

三、试验原理和观测方法

(一)地中渗透仪工作原理和观测方法

地中渗透仪是一种观测地下水蒸发和入渗的试验装置，它由装满各种岩性土样的试验筒和水位平衡装置组成(见图 2-6)。每套地中渗透仪试筒底部装填一层厚 50 cm 的粗砂和砾石，砾石直径 1 ~ 3 mm，砾石层厚 40 cm。在距底部 15 cm 处装有一过滤器，通过导水管与地下观测室内平衡筒相接，平衡筒上部通过出水管接入马利奥特容器，平衡筒下部通过溢流管接入量杯内。

它的工作原理为：地中蒸渗计的试验筒的上界面直接与大气相通，与大地没有水力联系，使地中蒸渗计内的水分通过试验筒直接并且仅与大气交换。在正常情况下，按照连通器原理和静水压力特性，地中渗透仪内的水位与马氏瓶的进气管口、量杯的

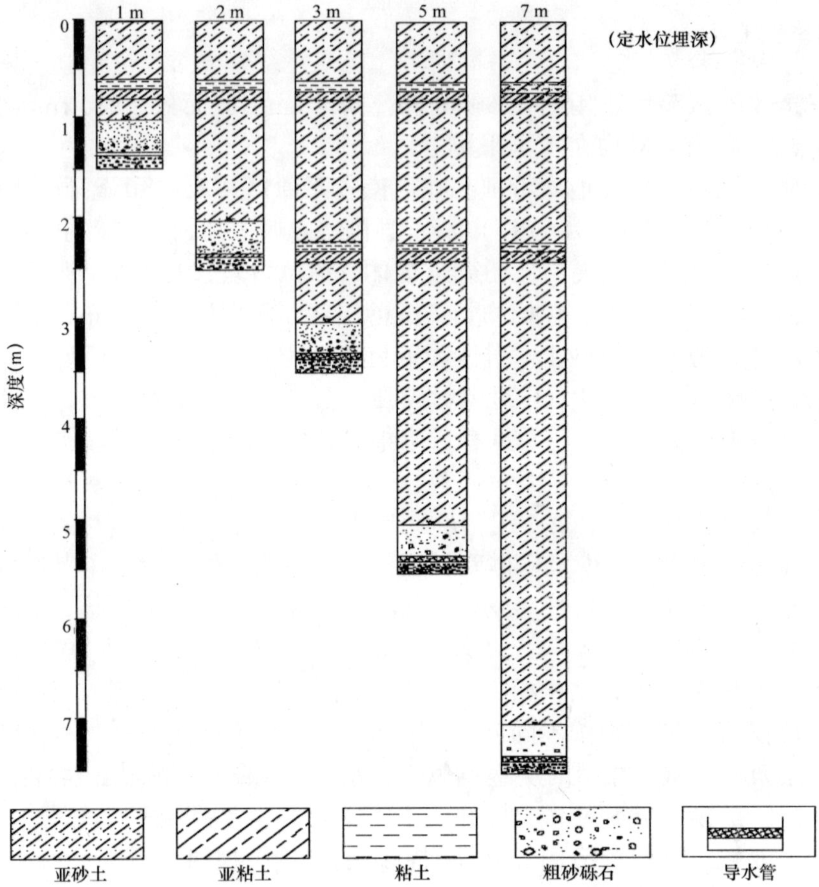

图 2-5　亚砂土夹薄层粘土与亚粘土试筒组装图

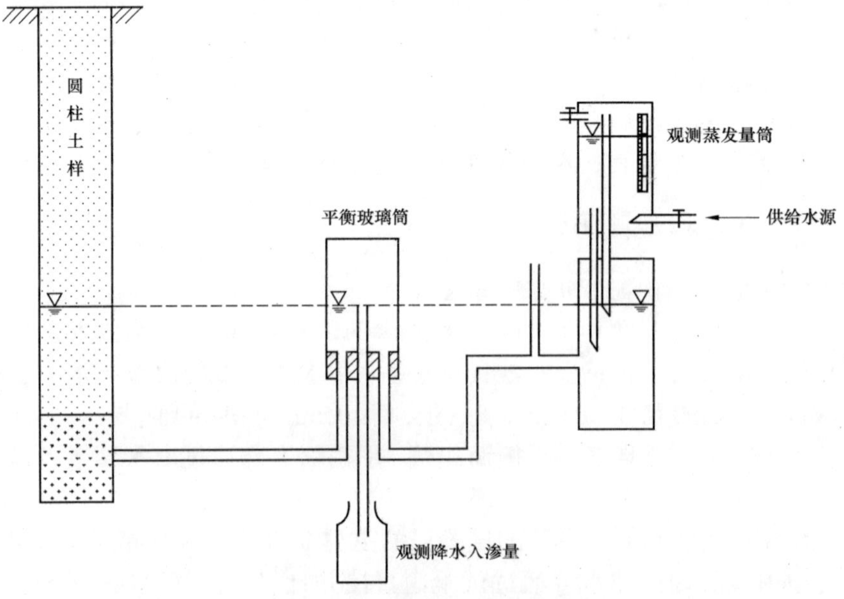

图 2-6　地中渗透仪试验装置图

溢流管口、玻璃平衡筒中的水位同处于一个水平面上，成为静态平衡。在潜水蒸发期，蒸渗计试验筒内的潜水，一方面通过筒内的土壤蒸散发而消耗，潜水面下降；另一方面又通过蒸渗计的马利奥特瓶——平衡筒补充水量，达到动态平衡，保持固定潜水埋深不变；马利奥特瓶内减少的水量即为地中蒸渗计监测的潜水蒸散发量。在降水入渗补给期，试验筒内的潜水面，源源不断地接收到降水入渗补给土壤的多余水分，这些水分通过平衡筒的溢流管全部储存到接渗瓶中，达到动态平衡，保持固定潜水埋深不变；接渗瓶存储的水量即为地中蒸渗计监测的降水入渗量。地中蒸渗计设计了 35 种不同的组合，即 7 种岩性和 5 种潜水水位埋深。通过记录平衡筒中的补充水量和接渗瓶中储存的水量，可直接观测潜水蒸发量和降水入渗量。

(二)气象观测

气象场主要观测气温、地温、风速、气压、湿度、降水量、水面蒸发量(分 20 cm、61.8 cm 两个蒸发皿)等 26 个气象观测项目。

地中渗透仪的观测和气象场的观测同步进行。观测时间为每日 8 时、20 时两次。观测精度到 0.1 mm，按照设计的原始记录表格，用铅笔现场记录。观测结束要整理日记录，填报月年汇总表，绘制各种要素曲线，并将观测数据输入计算机。

(三)土壤水分监测

配合国家和国土资源部的科研项目，进行了部分年份的其他项目的监测。主要有利用中子水分仪观测试筒中不同深度的土壤含水量的监测。气象场在部分年份增加了酸雨监测和雨水同位素分析等。这些资料都整理成册或输入计算机，建立了数据库。

四、试验成果和资料分析与选取

郑州均衡试验场 1984 年投入运行，于 1986 年 12 月完成国家 38 项科研攻关项目之一的“华北地区水资源评价和开发利用研究”的子课题：“郑州地中渗透仪地下水蒸发入渗试验研究报告”；1989 年完成原地矿部科研项目“郑州地中渗透仪降水入渗速率试验研究报告”；1990 ~ 1991 年完成试验场资料数据库的建立，并提交“郑州均衡试验场数据库系统管理研究报告”。

从 1984 年至 2001 年，观测资料精度比较高，基本符合实际规律，但部分年份和部分岩性有误差。主要有：①1986 ~ 1992 年许昌鄢陵县亚砂土和郑州市亚粘土中，降水入渗补给量偏小，原因不明。②1989 年由于在砂性土试筒中做人工渗水试验，造成降水入渗量偏大。③部分年份和部分试筒由于观测设备损坏，没有及时维修，造成资料缺失，资料的连续性较差。④有部分年份降水入渗补给量过小或过大，原因不明。这些资料在使用时，对于个别缺失的资料可利用内插的方法补充使用；而对于部分岩性观测误差大、持续时间长有问题的资料，在分析中不予采用。

从以往的研究报告和本次绘制降雨入渗过程线的分析，多年降水入渗规律比较一致。因此，本次研究分析宏观入渗规律时使用多年观测资料，在分析微观入渗规律和机理时，选取有代表性的年份作重点剖析。模拟模型的建立和参数验证，选用 2000 ~ 2001 年的观测资料，因这两年有土壤含水量的监测。

第三章　降水入渗补给过程

第一节　降水入渗补给的概念

通常将降水从地表进入土壤，通过土壤进入地下水的过程称为降水入渗补给。降水从地表进入土壤的水量称为降水入渗量。降水从地表渗入土壤非饱和带，又从非饱和带渗入饱和带或潜水含水层的那部分水量，称为降水对浅层地下水的入渗补给量，简称降水入渗补给量，其过程称为降水入渗补给过程。

在地下水均衡试验场降水到达地面有三个去向：通过地中渗透仪试筒入渗补给地下水，蒸发返回大气圈和转化为地表径流。降水初期渗入试筒的水分有相当一部分滞留于试筒中构成土壤水，通过土面蒸发的方式从土壤水直接转化为大气水。土壤水的蒸发造成土壤水分亏缺。在降水的前期必须先补足土壤中的水分亏缺，之后才能补给地下水。当降水量超过试筒土壤吸收降水的能力时，超过入渗能力的那部分降水就转化为地表径流。

目前认为降水入渗方式有两种，活塞式和捷径式(优先流)。活塞式入渗(Piston type infiltration)是鲍得曼(Bodman)等人于 1943 年对均质砂进行室内入渗模拟试验的基础上提出的。这种入渗方式是入渗水的湿锋面整体向下推进，犹如活塞的推移，因此称为活塞式入渗。活塞式入渗的特点就是较新的降水入渗推动其下较老的降水，始终是“老”水先到达地下水。在砂性土中主要为活塞式下渗，但也不排除有少量的砂性土兼有捷径式入渗。

捷径式入渗在粘性土中比较普遍。粘性土除了粒间孔隙和颗粒集合体内和颗粒集合体间的孔隙外，还存在根孔、虫孔与裂缝等大的孔隙通道。当降水强度较大，细小孔隙来不及吸收全部水量时，一部分降水将沿着渗透性良好的大孔隙通道优先快速下渗，并沿下渗通道水分向细小孔隙扩散。存在比较连续的较强降水时，下渗水通过大孔隙通道的捷径流优先到达地下水面。捷径式入渗时新降水可以超前于过去的降水补给地下水。同时入渗水不必全部补充包气带的水分亏缺，即可下渗补给地下水。在粘性土中也有可能活塞式与捷径式下渗同时发生，通常捷径式下渗优先于活塞式下渗。

第二节　降水入渗补给模式

一、降水入渗的一般过程

降水入渗过程一般可用图 3-1 来表示。图中 *abc* 线为干土降水条件下入渗率随时间变化过程线。降水入渗补给的强度主要取决于降水强度和土壤渗吸强度。当降水强

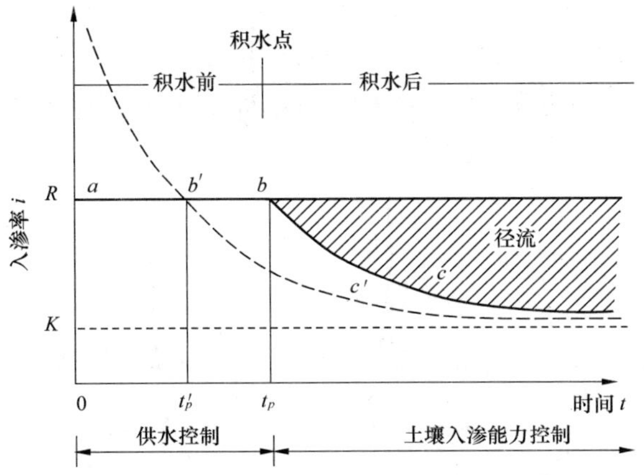

图 3-1　降水入渗过程(引自雷志栋、杨诗秀、谢森传《土壤水动力学》)

度较小或土壤渗吸性能较强、且降水强度小于土壤渗吸强度时，入渗水强度主要取决于降水强度，雨水将全部渗入地下。入渗率如图中 *ab* 段所示，此时降水强度基本保持不变，土壤表层含水率随入渗时间的延续而逐渐提高，直至达到某一稳定值。这一阶段的入渗强度等于降水强度，为自由入渗阶段，入渗率为 *R*。当降水强度超过了土壤的渗吸速度，入渗强度将取决于土壤的渗吸强度，这样就会形成地表积水或地表径流(入渗率如图中的 *bc* 段)。这一阶段为压力入渗阶段。两个阶段的交点(图中的 *b* 点)即为积水点(时间为 t_p)。渗入地下的水量一部分储存在地下水面以上土层的土壤孔隙中，超过田间土壤持水率部分的水量才渗入补给地下水，这部分水量为地下水入渗补给量。

由于入渗过程中地下水面以上土层中的含水率不断增加，土壤孔隙逐渐被入渗水充填。入渗率逐渐降低直至等于土壤饱和导水率，达到稳定入渗率(*K*)。降水入渗补给地下水量一方面决定于降水时渗入土壤的水量，另一方面又决定于地下水面以上土层能储存的水量。而入渗的水量又决定于降水强度和土壤的渗吸速度，同时也与降水前表土含水率有关。土壤蓄水能力主要决定于土壤的蓄水性能和地下水的埋深，以及雨前土壤的含水率。

虚线($b'c'$)为干土积水条件下的入渗率(i)随时间变化过程线。在积水入渗过程中，地下水面以上土层中的含水率不断增加，土壤孔隙逐渐被入渗水填充。所以，入渗率由高迅速降低，直至等于土壤饱和导水率，达到稳定入渗率(*K*)。

本次研究的地中渗透仪试筒中共有 7 种岩性，颗粒相对较细，颗粒最粗仅为粉细砂，最细为亚粘土。现以亚砂土与亚粘土夹层 3 m 埋深的地中渗透仪试筒实测资料说明年度降水入渗补给过程(见图 3-2)。在降水初期，由于土壤干燥，毛细负压很大，毛细负压与重力共同使水下渗，此时包气带的入渗能力很强，但入渗补给地下水的量不一定很大。特别是从 6 月到 8 月初的几次降水，土壤中的湿锋面未达到地下水面，就被蒸发掉或引起土壤含水量增加，并未对地下水形成入渗补给。随着降水强度和频率的增加，试筒土壤中含水量增加，湿锋面推进到地下一定深度，相对于重力水力梯度而言，毛细水力梯度逐渐变小，入渗速率逐渐趋于某一定值。因此，从 8 月 6 日当土壤中含水量超过田间持水度时，降水入渗量迅速增加，形成一个入渗高峰，之后逐渐变小。砂性土在雨季每次这样的降水过程，都会形成一个入渗补给过程。

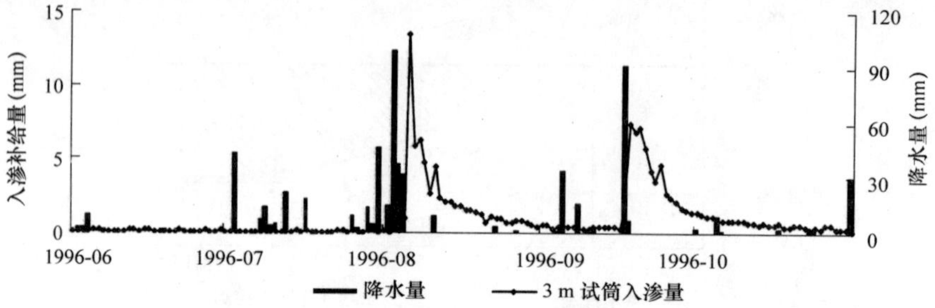

图 3-2　安阳亚砂土夹薄层亚粘土 3 m 试筒降水入渗补给量历时曲线

二、活塞式入渗模式

在郑州均衡场地渗透仪 7 种岩性中，除南阳和驻马店两组亚粘土外，其他试筒均存在明显活塞式入渗补给过程，属于入渗湿润锋面推进补给型。由于形成入渗湿润锋的降水强度、降水频率、降水持续时间、雨前土壤含水率等复杂因素的影响，锋面下移的速度有所差异，入渗过程也不一样。

土壤含水量的变化明显反映了降水入渗补给模式。图 3-3 是开封粉细砂 2 m 试筒在 2000 年 7 月初降水前后不同深度的土壤含水量变化曲线。在长时间没有降水的情况下，由于土面蒸发，试筒上部的含水量已低于残留含水量，而造成所谓的包气带水分亏缺(如图 3-3 中 7 月 1 日曲线)。降水前(2000 年 7 月 1 日曲线)含水量较低，自顶到底逐渐由 0.07 过渡到 0.45，呈现比较典型的蒸发型土壤水分剖面。7 月 3 ~ 6 日连

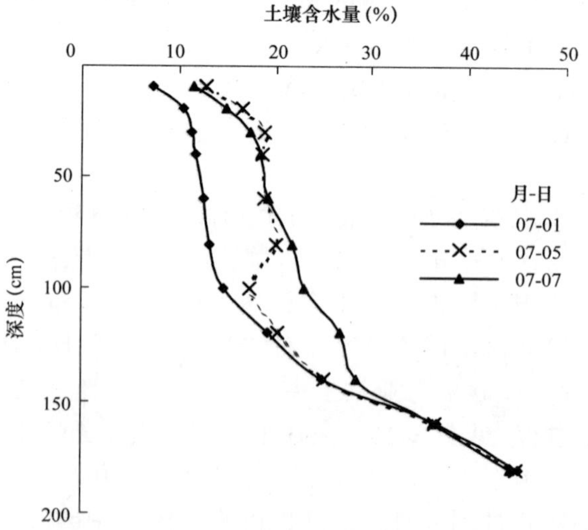

图 3-3　粉细砂降水入渗过程中土壤含水量变化(2000 年)

续降水 107.9 mm 后，较浅部的土壤含水量迅速增大，然后逐渐减小，而较深处则逐渐增大。随着时间的推移和降水的不断下渗，土壤中超过田间持水率的水分不断向下运移，最后入渗补给地下水。这种入渗过程符合活塞流的入渗模式。图 3-4 为开封粉细砂不同深度试筒中降水入渗补给历时曲线。地下水位埋藏较浅时，降水后入渗补给量迅速增大，然后迅速衰减，随着地下水位埋深增大，入渗过程线逐渐变缓，入渗补给流量的增加和衰减均变缓。由此分析粉细砂中入渗模式以活塞式为主，但是降水后，浅埋深入渗补给量迅速增加，说明也可能存在部分优先流。

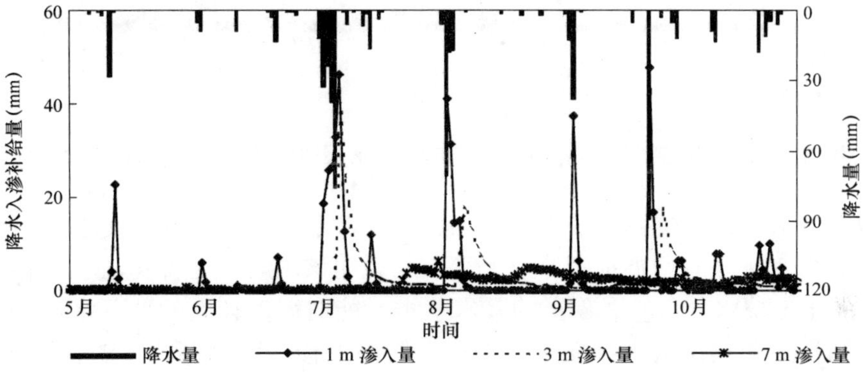

图 3-4　开封粉细砂不同埋深情况下的降水入渗补给量历时曲线(2000 年)

三、优先流入渗模式

除粉细砂为扰动土外，各试筒采用原状土样。土中不可避免地存在虫孔、大孔隙或裂缝等大的孔隙通道。降水后，水分首先沿此类大孔隙迅速下移，以优先流的形式补给地下水。图 3-5 为降水前后驻马店亚粘土中不同深度的土壤含水量变化情况，图 3-6 为驻马店亚粘土中降水入渗补给量历时曲线。由图 3-5 和图 3-6 可以看出，亚粘土中大孔隙发育，且基本贯通，尽管埋深不同，但是降水入渗补给对降水的响应时间

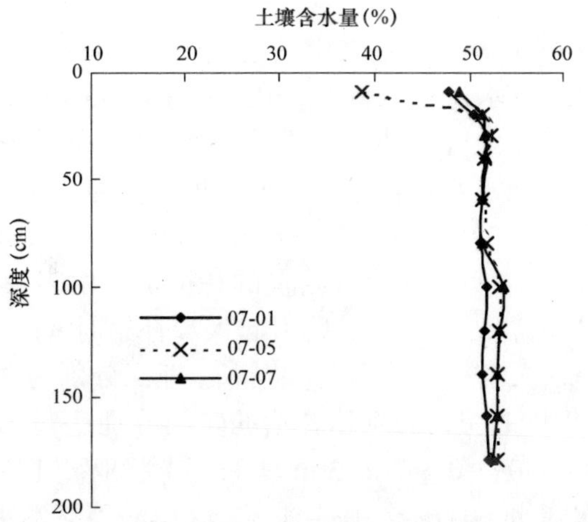

图 3-5　驻马店亚粘土降水入渗过程中土壤含水量变化

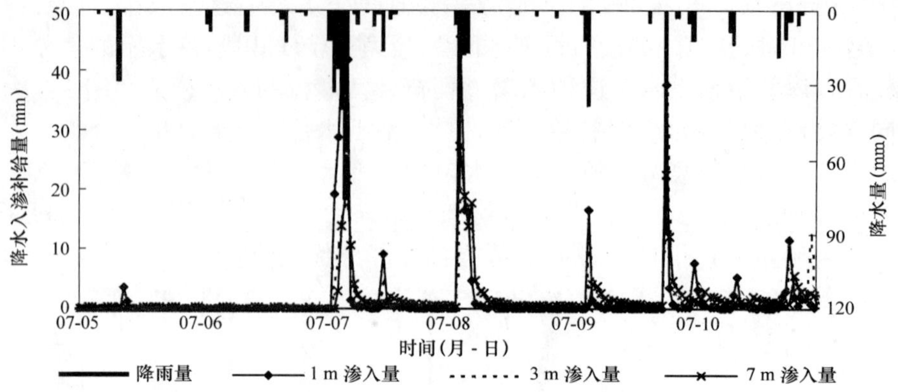

图 3-6　驻马店亚粘土不同埋深情况下的降水入渗补给量历时曲线(2000 年)

基本一致。降水时，入渗补给量迅速增加，之后，入渗补给量迅速衰减。在整个入渗过程中土壤含水量略有增加或基本保持不变，说明该种岩性为优先流入渗模式。在雨季之前，由于土壤水分亏缺，零星的降水基本不能对埋深较大的地下水形成补给。雨季过后，滞留于土壤中的水分在重力作用下缓慢下移，以活塞式入渗补给地下水。

因此，对于细粒土，在降水入渗过程中，活塞式入渗和优先流式入渗两种模式同时存在，只是哪种入渗模式占优势而已。

第三节　降水入渗补给过程及规律

降水入渗补给过程是包气带对降水的一个响应，因此具有系统响应的特征，存在明显的滞后和延迟。此外，优先流的存在又导致了降水入渗补给的滞后和延迟的复杂化。

一、降水入渗补给的滞后和延迟

地中渗透仪试筒实际上等同于地层中的包气带。包气带与水库调节地表径流过程一样，对降水入渗补给地下水过程有调节作用，使得降水入渗补给过程明显滞后于降水过程。这种现象被称为降水入渗补给的滞后延迟效应。入渗滞后延迟补给特征与调节库容大小有密切关系。地下水埋深越大，调节库容也越大，调节功能越强，入渗补给滞后延迟现象越明显。表 3-1 为新乡轻亚砂土 2000 年 9 月 24 日最后一次较大降水后(89.7 mm)不同埋深试筒中实测入渗补给量的特征值。由表 3-1 可以看出，当地下水位埋深小于或等于 1 m 时，次降水过后引起入渗补给时间一般不超过 2 d。随着地下水位埋深的加大，降水入渗补给滞后时间延长。埋深分别为 5 m 和 7 m 的试筒的滞后补给时间分别为 13 d 和 19 d，而延迟补给的时间分别达到 72 d 和 98 d，存在明显的入渗补给滞后和延迟效应。图 3-7 为 3 m 埋深黄土状亚砂土在汛期降水入渗补给过程线。第一次较大的次降水形成一个由低到高、又由峰值逐渐下降的入渗过程线，明显也存在滞后和延迟。在连续降雨的情况下，前一场入渗过程常常同相邻的后一场降水入渗补给过程叠加，使前一场的入渗过程受到干扰。总的入渗补给过程线由几场降水入渗补给过程叠加而成，最后一次降水入渗延迟补给过程持续时间较长，土壤含水量对入渗滞后补给也会产生明显的影响。雨前土壤含水量越小，入渗补给滞后时间越长；反之入渗补给滞后时间越短。

表 3-1　新乡轻亚砂土次降水入渗补给的滞后和延迟时间(2000 年)

水位埋深(m)	入渗补给滞后天数(d)		
	ST	PT	FT
1	<1	<1	2
2	<1	1	3
3	2	3	30
5	13	16	72
7	19	30	98

注：ST 为从次降水开始到有入渗补给日间隔天数，PT 为次降水峰值日到入渗补给开始日间隔天数，FT 为从入渗开始日到入渗补给终止日间隔天数。

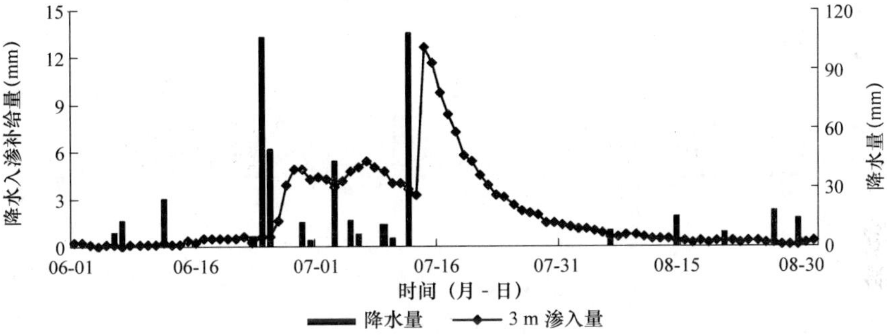

图 3-7　3 m 埋深黄土状亚砂土汛期降水入渗补给历时曲线(1994 年)

图 3-8 为地中渗透仪测得开封粉细砂地下水位埋深为 1 ~ 7 m 在 1984 年 6 ~ 10 月的降水过程和入渗补给过程。当埋深较小时，年降水过程中各次降水与其产生的入渗补给一一对应，每一次大于 10 mm 的降水量与其产生的入渗补给都对应有一个完整的补给过程。降水与入渗具有同步性，降水结束，入渗也立即结束。因此，潜水水位埋深较小时，入渗过程的延迟滞后时间较短，降水能直接产生入渗补给，但随着埋深的加大，较大的次降水产生的入渗补给过程就连成一条峰、谷多次出现的连续过程线，在每一个峰值出现前有一次对应的较大的降水。入渗过程的高峰是由次降水产生的补给过程，峰值过后有一个长长的入渗量逐渐下降的过程线，产生这一现象的原因主要是入渗补给滞后于降水过程。受入渗补给滞后延迟效应的影响，前一次降水形成的入渗补给过程还未结束，后一次降水产生的入渗补给过程已开始，所以使各次降水的入渗补给过程连为一体。如果两次降水的间隔时间较长，则可能在后一次降水补给过程开始之前，前一次降水形成的补给过程峰点已过，从而使年入渗补给过程中

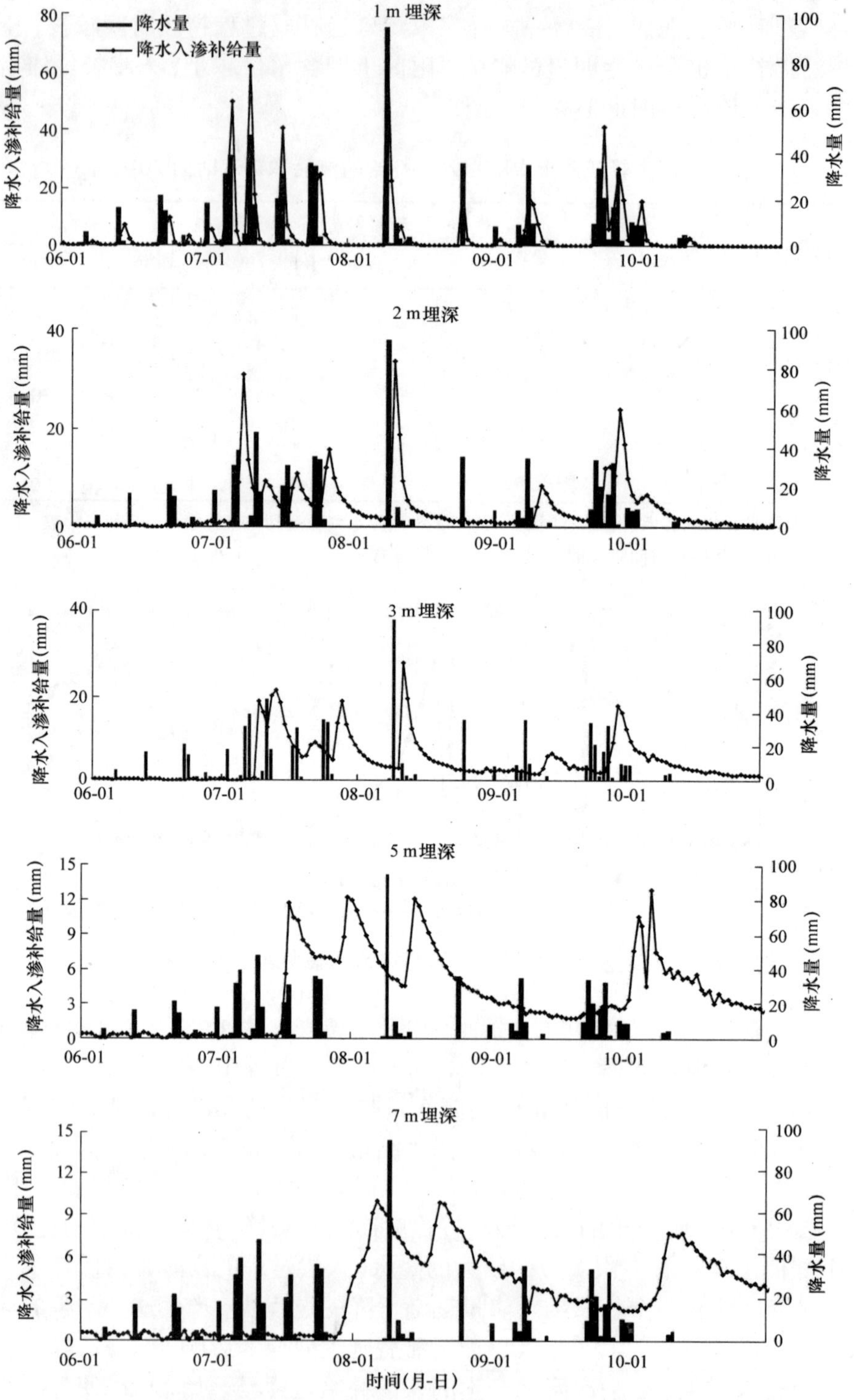

图 3-8　开封粉细砂地下水位不同埋深降水入渗补给历时曲线(1984 年)

补给高峰与形成补给高峰的次降水相对应。由于入渗时间滞后的影响，当相邻降水时间间隔较短、水位埋深较大时，入渗过程的延迟滞后时间长，多次降水产生的入渗补给过程相互叠加，几次降水后在入渗补给过程中只出现一个高峰。图 3-8 中第三个补给高峰就是前四次降水入渗补给共同影响的结果。对于这种情况在分析降水与入渗补给关系时，应将实际降水过程中参与形成某一补给高峰的各次降水组成的降水过程作为一次降水来考虑。如在 7 m 水位埋深的试筒中实测的降水入渗延迟补给时间可达 2～3 个月甚至更长。

分别绘制历年砂性土各种岩性不同埋深情况下的降水入渗补给过程曲线，分析其入渗补给特征和滞后延迟效应，其降水入渗补给规律见表 3-2。

表 3-2 砂性土不同埋深条件下的降水入渗补给规律

岩性	埋深	降水入渗补给特征描述
开封尉氏县粉细砂	1 m	降雨后迅速入渗，降水量超过 5 mm 时，即有入渗发生。入渗滞后时间较短。一般在 1～2 d。降水过程结束，入渗过程就停止，延迟补给时间很短。一次降雨对应一个入渗过程。入渗补给量较大，占降水量的 70%～80%
	2 m	在枯水期基本上不发生入渗。从 5 月份开始进入丰水期，连续降水时会发生入渗。降水峰值与入渗峰值基本一致。连续降水时入渗没有滞后。枯水年份降水量小于 400 mm，入渗量很小
	3 m	在枯水期如果一次降水量小于 20 mm，基本上不发生入渗。从 5 月份开始进入丰水期，连续降水时发生入渗。若超过 30 d 无降水，发生一次降水后，入渗滞后时间达 3～5 d
	5 m	规律与 3 m 埋深时相似，入渗集中在丰水期，主要与包气带中含水量有关。在连续降水时一般形成 1～2 个入渗过程。在长期不降水时，一次降水过后，入渗会滞后 15～20 d，甚至有时达到 30 d，才形成入渗高峰
	7 m	在丰水年雨季过后，形成 1～2 个完整的入渗补给过程线，入渗会滞后降雨峰值 25～30 d，甚至有时达到 40 d 开始入渗，最后一次入渗过程延迟补给时间在 50～60 d。枯水年和丰水年枯期，不会形成由小到大再逐渐减少的入渗过程线，但有入渗基流，入渗量小于 1 mm/d
安阳清丰县亚砂土夹亚粘土互层	1 m	在枯水期次降水时间间隔超过 20 d，次降水量小于 20 mm 不会引起入渗。在丰水期连续多次降水后引起入渗，降水与入渗峰值对应。入渗量较少，占降水量的 20%，入渗能力弱
	2 m	规律与 1 m 埋深相似。在降水量小间隔时间长时不入渗。在丰水期连续降水或一次降水量大时，滞后 1～3 d 开始入渗。在多次连续降水后会形成入渗高峰，有时无滞后。丰水期有稳定的入渗基流
	3 m	与 2 m 埋深规律基本一致。丰水期(一般在 7 月份后)连续降水时形成 1～2 个入渗过程。降水量小的年份没有完整的入渗过程线，入渗量较小
	5 m	与 3 m 埋深的规律基本一致。入渗发生在丰水期。在连续降水时形成入渗峰值。入渗速度慢，入渗量明显减少。滞后降水 15～20 d 开始入渗。连续降水时形成 1～2 个入渗过程线
	7 m	降水入渗量很小，小于 2 mm/d。滞后入渗和延迟时间达 2～3 个月，没有入渗高峰，但有稳定连续的入渗基流，入渗量小于 1 mm/d。在丰水年连续降水时形成入渗过程线

续表 3-2

岩性	埋深	降水入渗补给特征描述
郑州荥阳黄土状亚砂土	1 m	降水与入渗峰值对应。次降水量超过 5 mm 时，就有入渗发生。入渗滞后时间较短。无降水就没有入渗发生。入渗量占降水量的 40% ~ 50%。入渗规律与粉细砂的入渗规律相似，只是入渗量小于粉细砂
	2 m	在枯水期次降水量小于 10 mm，不会引起入渗。当次降水量大于 10 mm 或在丰水期均有入渗，滞后降水 1 ~ 3 d 入渗。如果丰水期连续降水，由于包气带中含水量饱和，则降水后立即入渗，形成入渗高峰，没有滞后
	3 m	与 2 m 埋深规律基本一致。在枯水期次降水量小于 20 mm，不会引起入渗。在丰水期入渗，滞后降水 3 ~ 5 d。如果丰水期连续降水，由于包气带中含水量饱和，则降水后立即入渗，形成入渗高峰，没有滞后。入渗量小于 2 m 埋深的入渗量
	5 m	与 3 m 埋深规律基本一致。在丰水期入渗，滞后 10 ~ 15 d。在丰水期有稳定的入渗量存在，入渗量较小，小于 1.0 mm/d。在丰水年连续降水时形成入渗过程线
	7 m	与 5 m 埋深规律基本一致。在丰水期滞后降雨 20 ~ 30 d 入渗。在丰水期有稳定的入渗量存在，入渗量较小，小于 0.6 mm/d。在丰水年连续降水时形成入渗过程线
新乡原阳县轻亚砂土	1 m	降水与入渗关系密切。在降水当天或第二天即形成入渗，滞后性差。延迟作用不明显。超过 5 mm 降水量时，就有入渗发生。入渗滞后时间较短，只有 1 ~ 2 d 无降水就没有入渗发生。入渗量占降水量的 40% ~ 50%。入渗规律与黄土状亚砂土的入渗规律相同
	2 m	在枯水期次降水量小于 20 mm，不会引起入渗。在丰水期入渗，滞后 3 ~ 5 d。如果丰水期连续降水，则降水后立即入渗，形成入渗高峰，没有滞后。入渗规律与黄土状亚砂土 2 m 埋深的规律相似
	3 m	与 2 m 埋深规律基本一致。在枯水期次降水量小于 20 mm，不会引起入渗。在丰水期入渗，次降水入渗滞后 3 ~ 5 d。如果丰水期连续降水，则降水后立即入渗，形成入渗高峰，没有滞后。入渗量小于 2 m 埋深的入渗量
	5 m	与 3 m 埋深规律基本一致。在枯水期次降水量小于 30 mm，不会引起入渗。在丰水期入渗，滞后 10 ~ 15 d 入渗。一个丰水期只对应一个入渗过程，降水少的年份没有入渗过程，有稳定的入渗量存在，入渗量较小，小于 1.0 mm/d
	7 m	与 5 m 埋深规律基本一致。在丰水期入渗，滞后 20 ~ 30 d。在丰水期有稳定的入渗量存在，入渗量较小，小于 1.0 mm/d。一个丰水期对应一个入渗过程，降水少的年份没有入渗过程

续表 3-2

岩性	埋深	降水入渗补给特征描述
许昌鄢陵县亚砂土	1 m	降水与入渗峰值对应。在降水当天或第二天即形成入渗，滞后性差。延迟作用不明显。降水量超过 5 mm/d 时，就有入渗发生。入渗滞后时间较短，只有 1 ~ 2 d。无降水就没有入渗发生。入渗量占降水量的 20% ~ 40%。入渗规律与黄土状亚砂土的入渗规律一致
	2 m	在枯水期次降水量小于 20 mm，不会引起入渗。在丰水期入渗，滞后 3 ~ 5 d。如果丰水期连续降水，由于包气带中含水量饱和，则降水后立即入渗，形成入渗高峰，没有滞后。入渗规律与黄土状亚砂土 2 m 埋深的规律相似。降水与入渗峰值对应
	3 m	与 2 m 埋深规律基本一致。在枯水期次降水量小于 20 mm，不会引起入渗。在丰水期入渗，滞后 5 ~ 15 d。如果丰水期连续降水，则降水后立即入渗，形成入渗高峰，没有滞后。入渗量小于 2 m 埋深的入渗量
	5 m	与 3 m 埋深规律基本一致。在枯水期次降水量小于 20 mm，不会引起入渗。在丰水期入渗，滞后降水 10 ~ 15 d。在丰水期有稳定的入渗量存在，入渗量较小，小于 1.0 mm/d。一个丰水期对应一个入渗过程，降水少的年份没有入渗过程
	7 m	与 5 m 埋深规律基本一致。在丰水期入渗，滞后 20 ~ 30 d。在丰水期有稳定的入渗量存在，入渗量较小，小于 1.0 mm/d。一个丰水期对应一个入渗过程，降水少的年份没有入渗过程

二、降水入渗补给过程中的优先流

当土壤中存在有根孔、虫孔与裂缝等大的孔隙通道时，降水后雨水沿着渗透性良好的大孔隙通道优先快速下渗补给地下水，称为降水入渗补给的优先流。通过入渗过程曲线分析，南阳盆地的亚粘土和驻马店的亚粘土主要为优先入渗补给。从图 3-9 中可以看出，由于亚粘土中存在裂隙，因此降水后雨水从裂隙通道直接下渗，每一次降水都有一个入渗过程，入渗补给滞后不明显或滞后延迟时间都很短。入渗过程曲线与 1 m 埋深的粉细砂或亚砂土相似，在很短的时间内入渗补给地下水。不同水位埋深入渗规律比较一致，但是随着埋深的加大次入渗量有所减少。在小于 2 m 埋深的试筒中降水后直接入渗，降水结束，入渗也随之结束。但在 3 m 埋深以下，入渗高峰过后仍然有不间断的入渗发生，只是次入渗量较小。说明粘性土中主要存在优先流补给模式，水位埋深较大时粘性土中也存在少部分活塞流式入渗。粘性土入渗特征见表 3-3。

砂性土主要入渗形式是活塞式，也可能存在部分优先流。砂性土中裂隙、虫孔、根系等分布不均、连通性差，因此优先流发生在水位埋深小于 2 m 的试筒中可能性较大。埋深大于 3 m 的试筒入渗过程线明显符合活塞式入渗的特点。

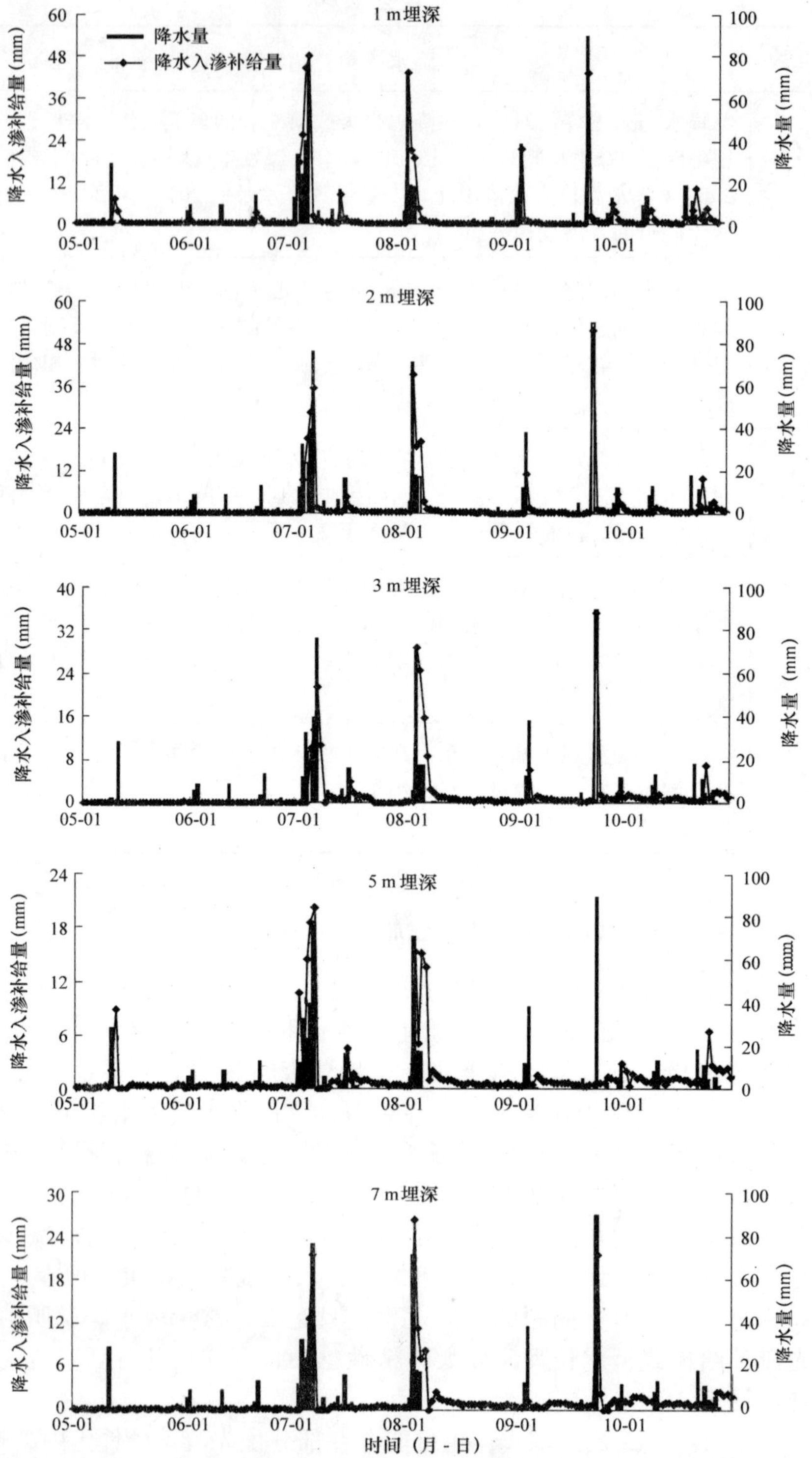

图 3-9　不同埋深安阳亚粘土降水入渗补给历时曲线(2000 年)

表 3-3　亚粘土不同埋深条件下的降水入渗补给规律

岩性	埋深	降水入渗补给特征描述
郑州市亚粘土	1 m	以裂隙为主。优先流明显，滞后性差，延迟现象不明显。在枯水期次降水时间间隔超过 20 d，次降水量小于 20 mm 不会引起入渗。在丰水期连续多次降水后引起入渗，降水与入渗峰值一致。入渗滞后 1 ~ 2 d，降水与入渗峰值对应。入渗量占降水量的 30% ~ 40%
	2 m	入渗规律与 1 m 埋深一致。优先流明显，滞后性差，延迟现象不明显。在枯水期次降水时间间隔超过 20 d，次降水量小于 20 mm 不会引起入渗。在丰水期连续多次降水后引起入渗，降水与入渗峰值一致。一般入渗滞后 1 ~ 2 d，降水量与入渗量峰值对应。入渗量较少，入渗量占降水量的 20% ~ 30%
	3 m	在枯水期次降水时间间隔超过 20 d，次降水量小于 20 mm 不会引起入渗。在丰水期连续多次降水后引起入渗，降水与入渗峰值一致。入渗量较少，入渗量占降水量的 20%左右。入渗规律与 2 m 埋深一致。以裂隙为主。优先流明显，滞后性差。降水后立即入渗，一般入渗滞后 1 ~ 2 d。降水与入渗峰值对应
	5 m	在丰水期连续多次降水后引起入渗，降水与入渗峰值一致。入渗量占降水量的 20%左右。入渗规律与 3 m 埋深一致。优先流明显，滞后性差。降水后立即入渗，入渗滞后 1 ~ 2 d。降水与入渗峰值对应
	7 m	在丰水期连续多次降水后引起入渗，降水与入渗峰值一致。入渗量占降水量的 20%左右。入渗规律与 5 m 埋深一致。优先流明显，滞后性差。降水后立即入渗，一般入渗滞后 1 ~ 2 d。降水与入渗峰值对应
驻马店平舆县亚粘土	1 m	以裂隙为主。入渗优先流明显，滞后性差，延迟现象不明显。在枯水期次降水时间间隔超过 20 d，次降水量小于 20 mm 不会引起入渗。在丰水期连续多次降水后引起入渗，一次降水对应一个入渗过程。一般入渗滞后 1 ~ 2 d。入渗规律与南阳亚粘土一致。入渗量稍大，入渗量占降水量的 30% ~ 50%
	2 m	在丰水期连续多次降水后引起入渗，一次降水对应一个入渗过程。一般入渗滞后 1 ~ 2 d。入渗规律与南阳亚粘土一致。入渗量稍大，入渗量占降水量的 30% ~ 40%。入渗规律与 1 m 埋深相似
	3 m	入渗规律与 2 m 埋深相似。在丰水期连续多次降水后引起入渗，一次降水对应一个入渗过程。一般入渗滞后 1 ~ 2 d。入渗规律与南阳亚粘土一致。入渗量稍小，入渗量占降水量的 30%左右
	5 m	入渗规律与 3 m 埋深相似。在丰水期连续多次降水后引起入渗，一次降水对应一个入渗过程。一般入渗滞后 1 ~ 2 d。入渗规律与南阳亚粘土一致。入渗量稍小，入渗量占降水量的 20% ~ 30%
	7 m	入渗规律与 5 m 埋深相似。在丰水期连续多次降水后引起入渗，一次降水对应一个入渗过程。一般入渗滞后 2 ~ 3 d。入渗规律与南阳亚粘土一致。入渗量稍小，入渗量占降水量的 20% ~ 30%

第四节　小　结

(1)通过对郑州均衡场内 7 种岩性的不同降水入渗补给过程进行系统分析，发现活塞式和捷径式两种降水入渗补给模式均存在。砂性土以活塞式入渗为主，地下水位埋藏较浅时，降水后入渗补给量迅速增大，然后迅速衰减，随着地下水位埋深增大，入渗过程线逐渐变缓，入渗补给流量的增加和衰减均变缓。砂性土中入渗模式以活塞式为主，但是降水后，浅部(1 m 埋深)立即构成对地下水的入渗，说明埋深较小的砂性土可能也存在部分优先流。粘性土中由于大量孔隙或裂隙的存在，其入渗补给以优先流为主，滞后和延迟的时间大大缩短，即使地下水位埋深达 7 m，在降水量较大时，滞后期也小于 3 d，但是在枯季，降水强度小且不连续时，几乎不形成优先流。在该阶段滞留于土壤中的水分在重力作用下缓慢下移，以活塞式入渗补给地下水。

(2)各种岩性都不同程度地存在降水入渗补给滞后和延迟效应，滞后与延迟时间的长短主要与岩性、水位埋深、降水特性和土壤前期含水量有关。对于砂性土降水入渗补给的滞后和延迟时间随埋深加大逐渐延长，最长可达 2 ~ 3 个月；随着岩性颗粒的变细，滞后和延迟时间也呈增加趋势。雨前土壤含水量越小，入渗补给滞后时间越长；在汛期连续降水，土壤含水量迅速增加，入渗补给滞后时间变短。对于存在裂隙的亚粘土中，降水后雨水从裂隙通道直接下渗，每一次降水都对应一个入渗过程，入渗补给滞后不明显或滞后延迟时间都很短。

第四章　降水入渗补给函数

第一节　降水入渗补给量的影响因素

降水入渗补给是地下水的主要补给来源，在某些地区甚至是地下水的唯一补给来源。降水入渗补给量可通过地中渗透仪测得的入渗补给量资料计算，也可以通过潜水位的动态资料利用水均衡法及数值模拟等方法计算。降水入渗补给量的计算是地下水资源评价的主要内容之一，是地下水资源量计算准确与否的关键，对于 “四水”之间转化量的正确计算具有重要的价值。

影响降水补给地下水的因素比较复杂，主要有降水量、降水特征、包气带岩性、地下水位埋深、地形、植被等；此外，降水入渗存在明显的滞后和延迟，降水入渗补给量还与前期降水量密切相关。均衡试验场中不考虑地形和植被的影响，因此主要分析降水特征、地下水位埋深和岩性的影响。

一、降水入渗补给量与降水特征的关系

降水特征包括降水量、降水强度和降水频率等因素，是降水入渗补给主要影响因素。

(一)降水量对其入渗补给量的影响

降水量和降水强度是降水入渗补给量的最主要影响因素。不同的时间尺度，降水量不同，入渗量不同。关于年、月尺度降水入渗补给量与同期降水量之间的相关分析具体将在下一节详细阐述，在此仅对其进行定性分析。

水资源评价通常是以一个水文年计算的，本区水文年与公元年相近。由于安阳亚砂土夹薄层粘土和亚粘土、许昌亚砂土和南阳亚粘土部分年试筒监测数据明显偏小(几乎是其他试筒平均值的 1/5 以上，不是观测误差所致)，因此不对其进行分析。图 4-1 为其他 4 种岩性的年降水入渗补给量与年降水量的关系曲线，从中可以看出，年降水入渗补给量与年降水量呈显著线性正相关，而且随着地下水位埋深增大，相关性减小，且变化幅度减小。对于亚粘土，由于其中存在明显的优先流，入渗补给量随地下水位埋深变化较小。

对月降水入渗补给量与当月降水量作相关分析，它们之间呈线性正相关，但随着地下水位埋深增大，相关性减弱，甚至出现负相关(如新乡轻亚砂土)；在雨季，二者则呈现明显的线性正相关。图 4-2 为多年平均月降水入渗补给量随月降水量的变化情况。由图 4-2 可以看出，地下水位埋深小于 3 m 时，二者的线性系数可达 0.6 以上，相关性显著；但是超过 5 m，则相关性变差；到 7 m 时，甚至出现负相关。这是由于入渗补给滞后和延迟所引起的。对图 4-2 中各曲线作一元线性回归分析。

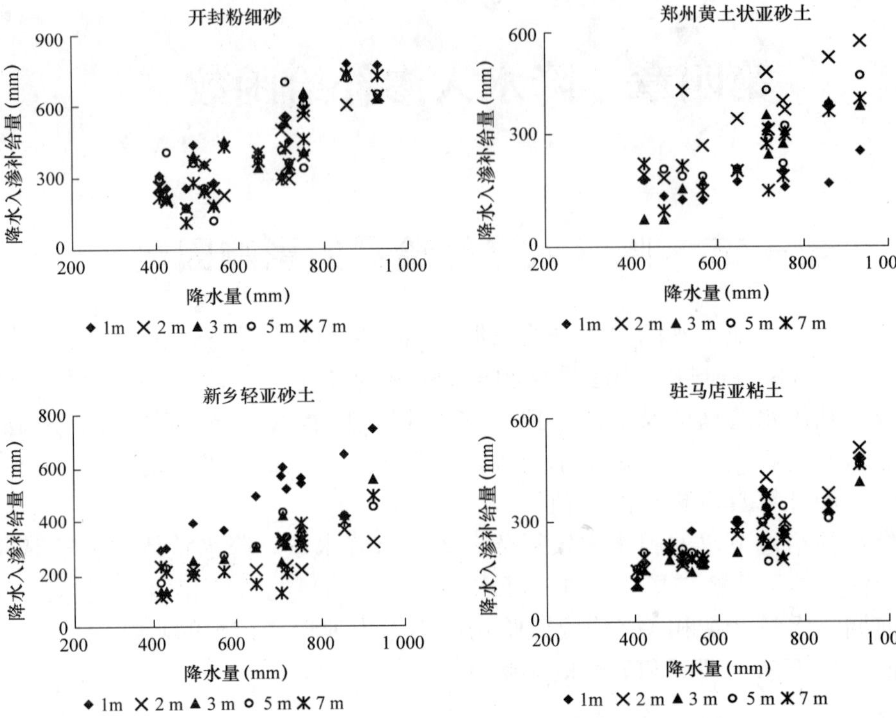

图 4-1　年降水入渗补给量与年降水量关系

$$R_p = aP + C \tag{4-1}$$

式中：R_p为降水入渗补给量；P为同期降水量；a为系数；C为常数。

表 4-1 为各种岩性不同埋深的 a、R^2 值，图 4-3 为 a 和 R^2 随地下水位埋深变化图。由图 4-3 可以看出，a 值及其分散度均呈现随地下水位埋深增大而逐渐减小并趋于稳定的规律，其中安阳亚砂土夹薄层粘土和亚粘土的 a 值最小，亚粘土 a 值的变化幅度最小；R^2 则随深度增加而减小。

(二)降水强度对入渗补给量的影响

降水量大总体上讲有利于补给地下水，但降水强度也影响入渗补给量的大小。图 4-4 为不同降水特征年内的降水入渗补给量。其中 1992 年降水量为 647 mm，多为集中降水，降水间隔时间较长。由于降水过于集中，降水强度超过地面入渗能力，从而部分降水量转化为地表径流，入渗补给量仅为 344 mm；而 1991 年降水量为 517 mm，降水频率较高，间隔时间较短，入渗补给量较大为 421 mm。年降水量过小时，由于降水量中相当一部分要补足包气带中的水分空缺，能补给地下水的有效降水量就很小。例如 1997 年，该年为枯水年，总降水量仅为 339.40 mm，降水入渗补给量为 119.47 mm 明显小于其他年份。这种间歇性的小雨很可能只湿润土壤表层，而经由蒸发及蒸腾返回大气，不构成地下水的有效补给。由此可见，不超过地面入渗速率的连绵细雨最有利于地下水的补给。

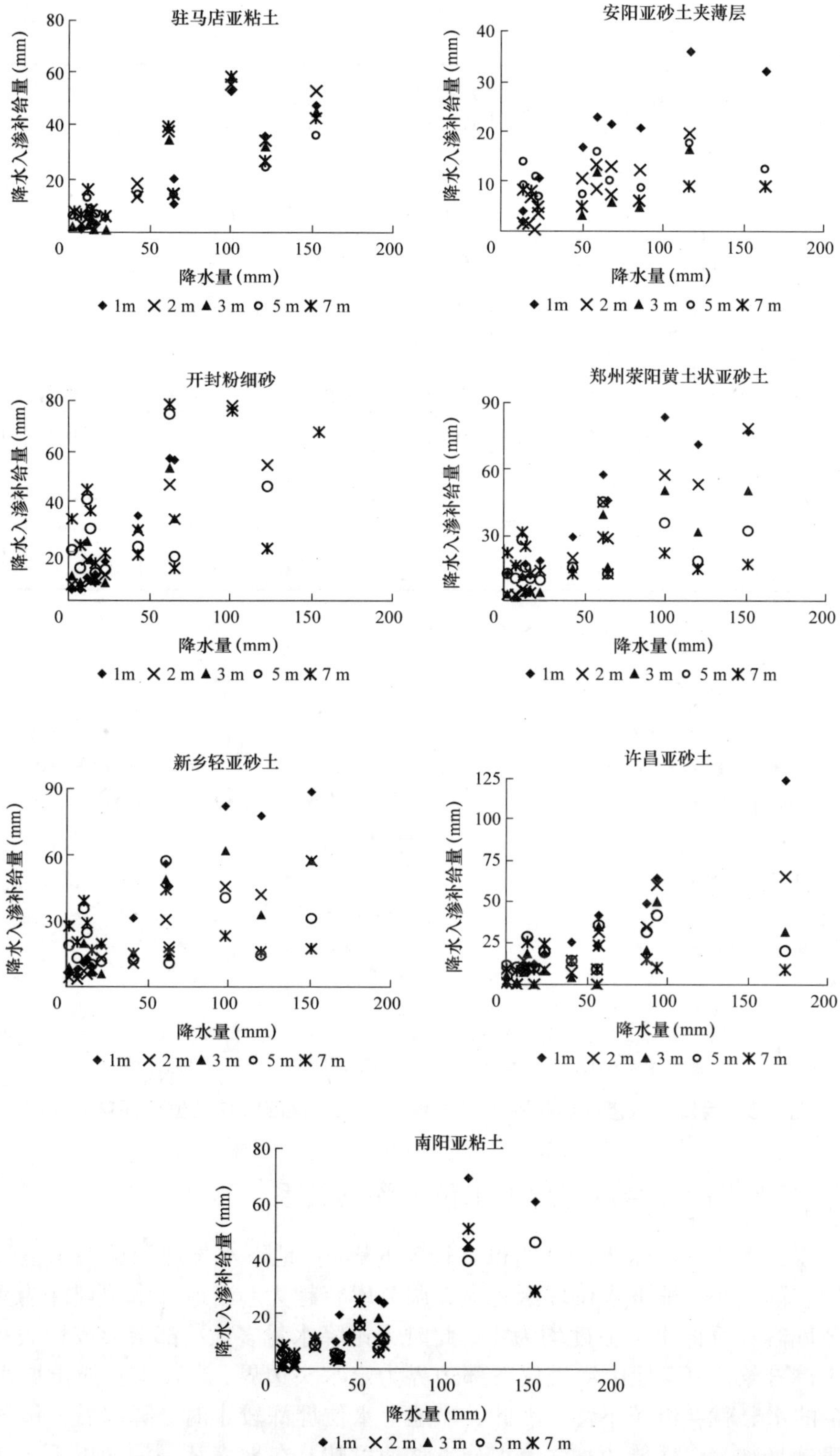

图 4-2　月降水入渗补给量与月降水量关系

表 4-1　各岩性不同埋深月降水入渗补给量与当月降水量回归系数和决定系数

埋深	趋势线系数	开封粉细砂	安阳亚砂土夹薄层亚粘土和粘土	郑州黄土状亚砂土	新乡轻亚砂土	许昌亚砂土	南阳亚粘土	驻马店亚粘土
1 m	a	0.844 1	0.232 7	0.524 6	0.609 2	0.695 1	0.475 7	0.362 1
	R^2	0.994 0	0.832 4	0.888 4	0.946 8	0.970 3	0.907 0	0.828 8
2 m	a	0.605 1	0.094 7	0.507 0	0.360 4	0.412 9	0.255 3	0.366 1
	R^2	0.909 3	0.496 7	0.949 9	0.942 7	0.767 7	0.737 6	0.824 2
3 m	a	0.790 5	0.058 2	0.329 6	0.336 5	0.210 8	0.241 8	0.336 7
	R^2	0.948 1	0.380 1	0.791 8	0.664 4	0.423 3	0.714 0	0.743 9
5 m	a	0.501 4	0.033 8	0.122 8	0.080 9	0.102 4	0.290 5	0.245 4
	R^2	0.604 3	0.211 9	0.272 1	0.073 5	0.195 8	0.854 3	0.569 4
7 m	a	0.218 8	0.011 7	–0.024 8	–0.055 7	–0.022 5	0.225 6	0.269 9
	R^2	0.204 5	0.136 3	0.035 5	0.085 6	0.027 7	0.522 0	0.615 3

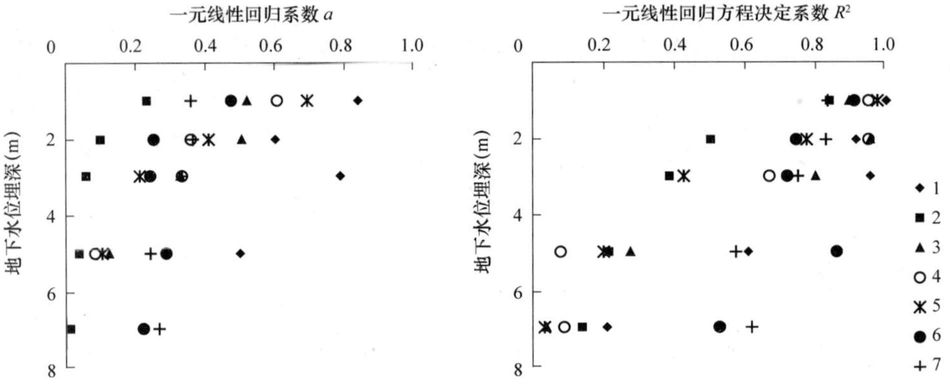

1—开封粉细砂；2—安阳亚砂土夹薄层亚粘土和粘土；3—郑州黄土状亚砂土；
4—新乡轻亚砂土；5—许昌亚砂土；6—南阳亚粘土；7—驻马店亚粘土

图 4-3　月降水入渗补给量对当月降水量一元线性回归特征值随深度变化图

二、降水入渗补给量与地下水位埋深的关系

地下水位埋深对降水入渗补给也有较大的影响。地下水位埋深反映了包气带土壤水调节库容的大小，地下水位埋深越大，调节库容越大。当地下水位埋深为零时，土壤水调节库容和垂向水力坡度均为零，此时无论降水量多大，都会形成地表径流，而不产生入渗补给。由于地中渗透仪下部边界为定水头边界，当降水补充土壤水分亏缺后，剩余的水分就会继续下渗。因此，当地下水位埋深较小时，降水后，包气带土壤含水量迅速增加，渗透能力增强，水分下移速度快；在地表某一深度以下，地下水位埋深越小，入渗补给地下水量越多，当地下水位埋深为 1 m 时，基本上入渗水量大部

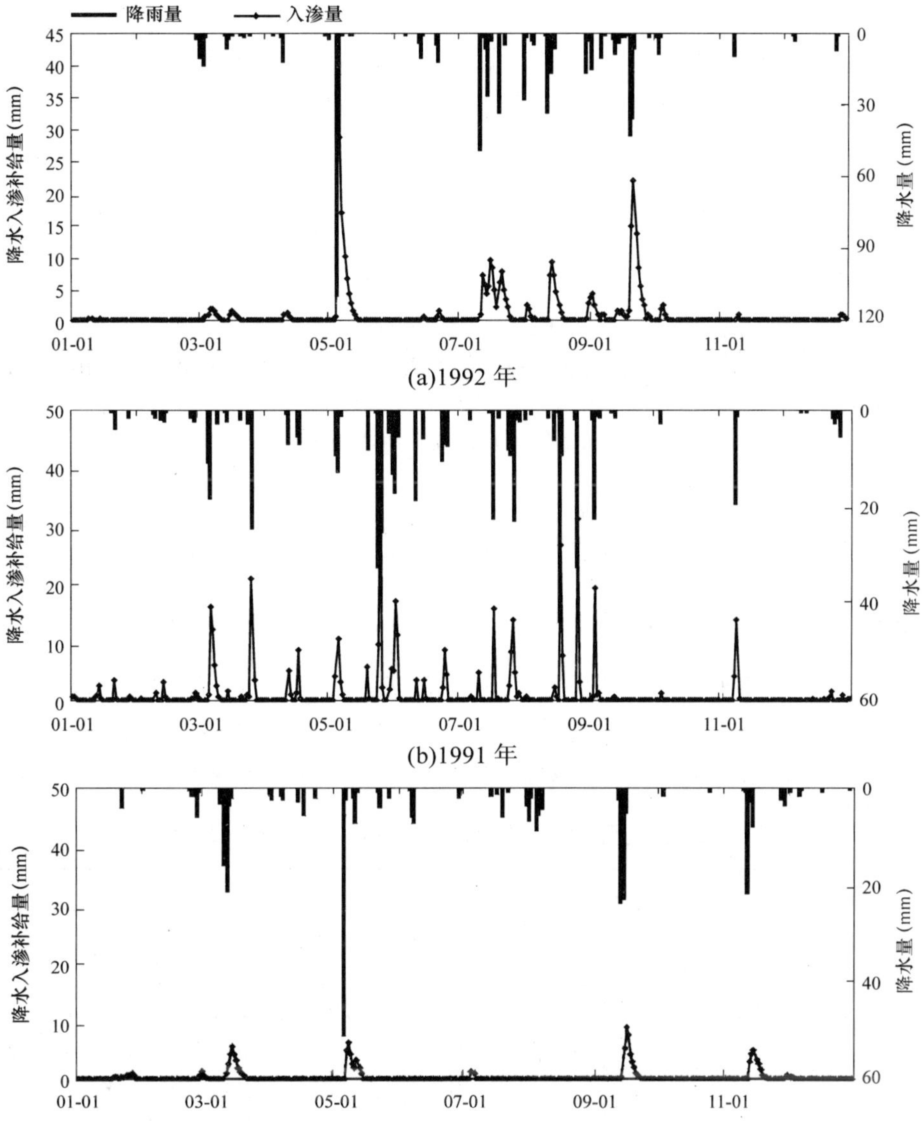

(a)1992 年

(b)1991 年

(c)1997 年

图 4-4　黄土状亚砂土(–2 m)不同降水特征的降水入渗补给特征

分都补给地下水。而地下水位埋深增大时，满足包气带土壤水分亏缺所需要的水量就越多，土壤含水量增加幅度小，渗透能力变化不大，且渗透途径增长，水分下移速率较小。随着地下水位埋深加大，入渗补给地下水量占总入渗量的比例逐渐变小。因此，大部分岩性都是随着地下水位埋深的增加，降水入渗量减少。当地下水水位埋深大时，由于降水入渗的滞后延迟效应，降水入渗的峰值滞后的时间将远大于年度降水过程中能够形成入渗补给的降水时间间隔，由各次降水引起的入渗补给量的动态波形相互叠加，波峰和波谷叠合使整个年降水入渗过程中只出现一个。间断的降水输入通过包气带的转化就形成了连续入渗补给的输出。图 4-5 为 1998 年 5 月至 10 月开封粉细砂入渗补给量–降水量历时曲线，当地下水位埋深达到 7 m 时，降水入渗补给峰值滞后可长达 2～3 个月，使整个雨季的入渗补给过程只出现一个补给高峰。特别是在较干旱的年份，降水只形成很小的补给高峰，降水对地下水的补给作用十分微弱；只有在雨水较充足的年份，降水入渗才能对地下水产生稳定的补给。

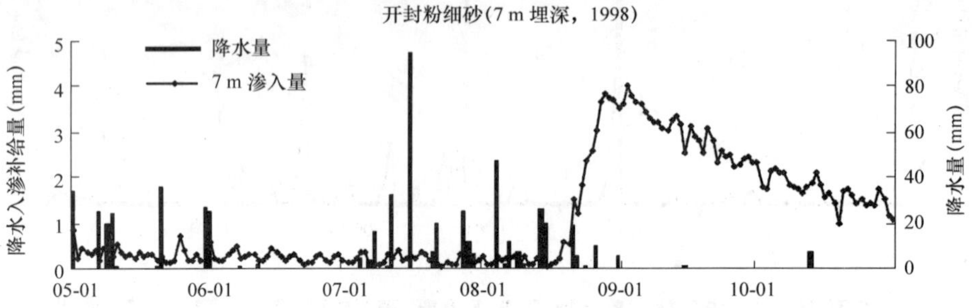

图 4-5　降水入渗补给量与降水量历时曲线

表 4-2 为不同岩性不同埋深的多年平均降水入渗补给量。由表 4-1 和图 4-3 可知，降水入渗补给量在 1 m 以下随深度呈指数型递减，并逐渐趋于稳定，因此降水入渗补给量随深度的变化可用下式表示

$$R = a\mathrm{e}^{-b\Delta} + c \tag{4-2}$$

式(4-2)为非线性函数，R 为降水入渗补给量(mm)；a、b、c 为 GM(1，1)模型系数；Δ 为水位埋深(m)。与连续型 GM(1，1)模型格式一致，因此采用 GM(1，1)模型来分析降水入渗补给量随深度的变化。表 4-3 为式(4-2)的模型系数。

表 4-2　不同埋深不同岩性年平均降水入渗补给量　　(单位:mm)

地下水位埋深	1 m	2 m	3 m	5 m	7 m	平均
开封粉细砂	454.37	381.58	389.89	412.01	371.52	401.87
安阳亚砂土夹薄层粘土和亚粘土	187.67	125.78	100.27	149.60	129.53	138.57
郑州黄土状亚砂土	194.94	347.14	220.83	264.40	205.21	246.50
新乡轻亚砂土	503.49	249.88	310.54	316.36	272.50	330.55
许昌亚砂土	371.05	230.74	149.75	206.79	109.31	213.53
南阳亚粘土	247.60	157.10	145.69	169.40	161.41	176.24
驻马店亚粘土	265.40	237.39	212.82	250.95	252.09	243.73

表 4-3　平均年降水入渗量与地下水位埋深 GM(1，1)模型系数

岩性	a	b	c
开封粉细砂	1 932.80	3.379 8	388.25
安阳亚砂土夹薄层粘土和亚粘土	427.74	1.931 7	124.11
郑州黄土状亚砂土	17 622.00	2.501 0	227.32
新乡轻亚砂土	5 151.20	3.170 6	285.41
许昌亚砂土	1 648.30	2.059 2	165.42
南阳亚粘土	1 866.90	3.031 9	157.32
驻马店亚粘土	41.36	0.776 3	237.16

三、降水入渗补给量与岩性的关系

不同岩性的土壤蓄水能力不同，直接影响着降水对地下水的入渗补给。降水入渗补给受不同土层输水、蓄水性能的影响。土壤若为均质土层，如粉细砂，这种岩性的透水性能好，入渗速度大，田间持水能力低，蓄水能力也低，因此在其他条件相同时，粉细砂比亚砂土和亚粘土降水入渗补给量要大。亚砂土夹薄层亚粘土和粘土的入渗能力最弱，由此可见，尽管粘性土的厚度较小，但是其渗透性差，大大阻碍了水分的下移。

不同岩性多年平均降水入渗补给量见表 4-2。从表中可知，在相同的降水特征和水位埋深条件下，不同岩性的降水入渗补给量不同。降水入渗补给量平均值为：开封粉细砂>新乡轻亚砂土>郑州黄土状亚砂土>驻马店亚粘土>许昌亚砂土>南阳亚粘土>安阳亚砂土夹薄层粘土和亚粘土。但是地下水位埋深不同，各岩性入渗补给量的大小顺序发生改变，地下水位埋深 7 m 时，降水入渗补给量大小变化为：开封粉细砂>新乡轻亚砂土>驻马店亚粘土>郑州黄土状亚砂土>南阳亚粘土>安阳亚砂土夹薄层粘土和亚砂土>许昌亚砂土。

由于各种影响因素的综合作用，降水入渗量与降水量的比值(传统上的降水入渗系数)并非常数，降水入渗补给量应视为降水量、蒸发量、地下水位埋深等的函数。下面分别采用系统响应分析、回归分析等方法来确定降水入渗补给函数。

第二节　降水–入渗补给系统响应模型

降水首先渗入地表，在包气带中不断下渗，最终补给地下水。若将包气带视为一个系统，则降水可视为是该系统的输入，入渗补给地下水的量则可看成是包气带系统对降水的响应。因此，若将包气带概化为一个线性时不变集中参数系统，降水作为其输入，入渗补给量作为其输出，则可采用系统响应分析的技术建立数学模型来描述降水–入渗补给之间的关系。

一、降水–入渗补给系统响应分析原理

由于非饱和带土壤水分的调蓄作用，在降水过后一段时间内，仍存在入渗补给量，因此降水入渗补给地下水的量可以视为包气带系统的零状态响应和零输入响应之和。将降水作为包气带系统的输入，则降水系列视为时间间隔为 Δt 的一系列输入脉冲，则脉冲强度为 $P(t)\Delta t$，由于系统为时不变系统，系统的响应曲线形状基本一致，只是响应值不同。包气带系统的输出存在明显滞后和延迟，某一时刻的系统输出可能是多次输入信号所引起的(见图 4-6)。若取 $\Delta t=1$，则任一时刻的系统对全部输入的响应可表示为

$$R(t)=\sum_{\tau=0}^{n}P_e(t-\tau)h(\tau) \tag{4-3}$$

$$P_e=P-P_i \tag{4-4}$$

式中：$R(t)$为 t 时刻的降水入渗补给量；τ 为对本期降水入渗补给量产生明显影响的前期降水的时间；$P_e(t-\tau)$为 $t-\tau$ 时刻的有效降水量；P 为总降水量；P_i 为无效降水量，

即能产生入渗补给的临界降水量，假定同一时间尺度的无效降水量为同一值，则可通过实测的降水入渗补给量和同期降水量值确定，它仅具有该时间尺度上的统计意义，实际上该值应该与对应时间内的降水强度和频率相关；$h(\tau)$为权函数。式(4-3)为包气带系统的零状态响应函数。其中τ和$h(\tau)$可以根据实测数据，分别利用相关分析和最小二乘法确定。

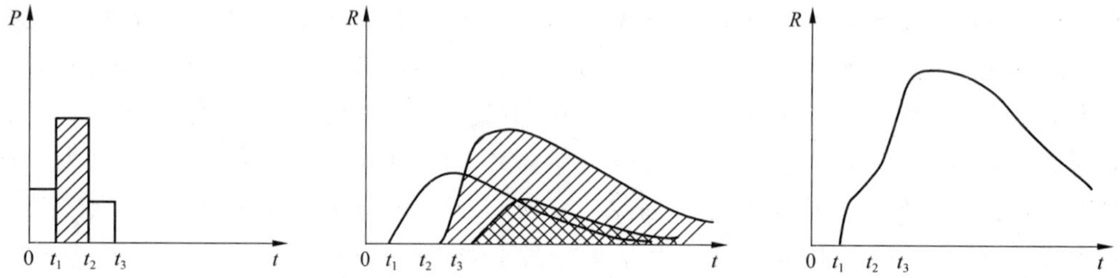

图 4-6　包气带系统降水–入渗响应系统示意图

二、降水–入渗补给系统响应模型

降水入渗补给量通常是指某一时间尺度的统计值。不同时间尺度，降水入渗补给的滞后和延迟时间不同。下面分别分析年、月、日尺度上不同地下水位埋深、不同岩性的降水–入渗补给系统响应特性。

(一)年降水–入渗补给系统响应模型

由前述分析可知，降水入渗补给的延迟一般在 3 个月以内，年降水入渗补给量主要与本年度的降水量有关。表 4-4 列出了不同岩性、不同地下水位埋深的年降水入渗补给量与本年度和前一年度降水量的相关系数。P_t为年降水入渗补给量与当年降水量的相关系数；P_{t-1}为年降水入渗补给量与前一年降水量的相关系数。由于安阳亚砂土夹薄层粘土和亚粘土、许昌亚砂土和南阳亚粘土的 1985 ~ 1993 年和 1997 年的监测数据明显偏小(部分埋深的降水入渗量一般小于 100 mm，甚至小于 10 mm，而且大多明显小于埋深 7 m 的降水入渗补给量，显然不是观测误差所致，可能是仪器故障)，没有进行相关分析。

表 4-4　年降水量入渗补给量与当期和前期降水量的相关系数

岩性	系数	地下水位埋深				
		1 m	2 m	3 m	5 m	7 m
开封粉细砂	P_t	0.866 7	0.823 0	0.753 7	0.651 5	0.867 7
	P_{t-1}	−0.110 9	0.064 6	−0.143 0	−0.037 2	−0.211 8
郑州黄土状亚砂土	P_t	0.716 3	0.861 2	0.925 6	0.855 5	0.514 0
	P_{t-1}	−0.376 5	−0.172 2	−0.389 8	−0.186 1	0.273 7
新乡轻亚砂土	P_t	0.962 1	0.681 6	0.887 3	0.893 5	0.653 6
	P_{t-1}	−0.406 9	−0.112 9	−0.319 9	−0.383 4	0.089 3
驻马店亚粘土	P_t	0.891 5	0.839 5	0.854 1	0.845 1	0.834 9
	P_{t-1}	−0.479 0	−0.382 8	−0.347 4	−0.308 7	−0.369 4

由表 4-4 可以看出，年降水入渗补给量与本年度降水量呈显著正相关；而大多与上一年度的降水量相关性差，相关系数普遍小于 0.1。可认为年降水入渗补给量仅与当年的降水量有关，而与前期年降水量关系不大。因此，年降水入渗补给量与年降水量之间的系统响应函数可写为：

$$R(t)=a(P(t)-P_i) \tag{4-5}$$

式中：a 为权系数；P_i 为年有效降水量，mm。计算结果见表 4-5，表中，r 为相关系数；F 为显著性检验值。数值为 a、P_i、r、F 对应的值。根据显著性检验，除新乡轻亚砂土的 7 m 地下水位埋深的回归方程显著外，其余均为高度显著。

表 4-5　年降水入渗补给量与年降水量系统响应分析

岩性	系数	地下水位埋深(m)				
		1	2	3	5	7
开封粉细砂	a	0.931 9	0.811 0	0.881 9	0.814 5	1.044 5
	P_i	147.03	164.09	192.48	128.71	278.90
	r	0.884 3	0.851 0	0.795 9	0.712 7	0.885 4
	F	46.64	34.12	22.46	13.42	47.16
	$F_{a=0.01}(1,13)$	9.07				
	显著性	极显著	极显著	极显著	极显著	极显著
郑州黄土状亚砂土	a	0.298 9	0.662 8	0.653 2	0.558 4	0.339 6
	P_i	21.36	124.25	300.53	180.64	34.01
	r	0.650 7	0.882 1	0.937 2	0.873 6	0.598 2
	F	11.75	56.10	115.56	51.53	8.92
	$F_{a=0.01}(1,16)$	8.53				
	显著性	极显著	极显著	极显著	极显著	极显著
新乡轻亚砂土	a	0.820 3	0.424 2	0.669 6	0.507 5	0.457 7
	P_i	45.55	70.21	195.56	35.99	63.90
	r	0.958 7	0.836 9	0.907 8	0.913 7	0.677 5
	F	125.05	25.71	51.55	55.62	9.34
	$F_{a=0.01}(1,11)$	9.65				
	显著性	极显著	极显著	极显著	极显著	显著
驻马店亚粘土	a	0.566 5	0.606 4	0.497 9	0.450 2	0.482 3
	P_i	154.43	231.45	195.56	65.49	100.26
	r	0.878 7	0.851 2	0.901 7	0.852 3	0.893 3
	F	47.45	36.82	60.89	37.16	55.28
	$F_{a=0.01}(1,14)$	8.86				
	显著性	极显著	极显著	极显著	极显著	极显著

图 4-7 分别为年降水入渗补给系统响应函数的系数及响应方程的决定系数随地下水位埋深的变化情况，由图 4-7 可以看出，随着岩性颗粒的变细和地下水位埋深的增加，a 呈现减小趋势。其中粉细砂的 a 值最大，而且变化幅度较小；尽管亚粘土的

a 较小，但分布均匀，在 0.450 2～0.606 4 之间；其他岩性的 a 值随深度变化幅度较大。

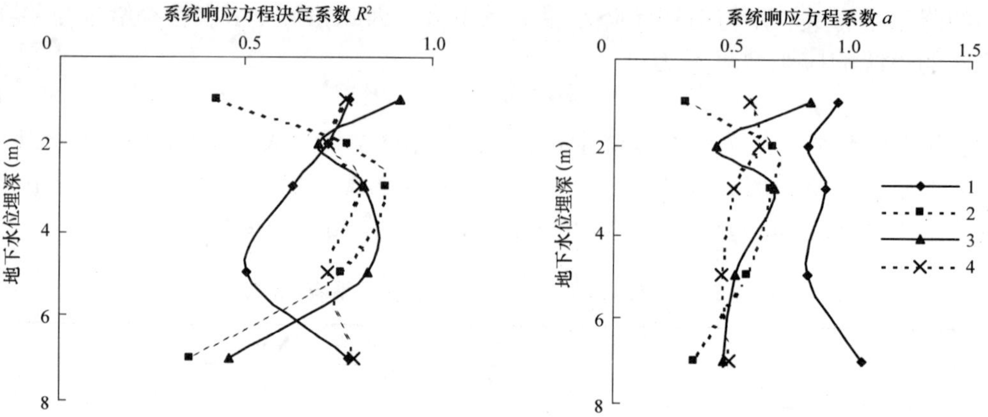

1—开封粉细砂；2—郑州黄土状亚砂土；3—新乡轻亚砂土；4—驻马店亚粘土

图 4-7　不同地下水位埋深年降水入渗补给系统响应函数特征

由于数据仅为当年的降水入渗补给量，对于地下水位埋深较大、滞后时间长的，可能存在跨年度入渗补给，因此存在较大的误差，如 7 m 埋深开封粉细砂的 a 值大于 1，显然新乡轻亚砂土的数学模型显著性较差。

(二)月降水–入渗补给系统响应模型

地下水资源评价和规划以及地下水数值模拟时，通常采用月降水入渗补给量。利用相关分析方法来分析的月降水入渗补给量与当月和前期月降水量之间的相关程度。

表 4-6 为不同岩性、不同地下水位埋深同降水入渗补给量与本月降水量及前期降水量的相关系数(略去了相关系数小于 0.1 的项)，P_t 为月降水入渗补给量与当月降水量的相关性分析；P_{t-i} 为月降水入渗补给量与前期(月)降水量的相关性分析；表中数值为相关系数。由表 4-6 可以看出，随着地下水位埋深的增加，月降水补给量与当月的降水量的相关性逐渐减弱，而与前期降水量的相关性逐渐增强。

相关系数最大的前期月份降水可以视为当月补给的主要来源，二者之间的时间即为峰值滞后期。地下水位埋深小于 2 m 时，峰值滞后期不到 1 个月；若地下水位埋深超过 2 m，则随着地下水位埋深的增加，峰值滞后期逐渐增长。峰值滞后期的长短还与岩性相关，以 7 m 地下水位埋深为例，在均衡场的 7 种岩性中，安阳亚砂土夹薄层粘土和亚粘土的峰值滞后期最长，达 4 个月左右；驻马店亚粘土的滞后期最短，小于 1 个月，比颗粒更粗的粉细砂、亚砂土的滞后期还短，这是由于粘性土中容易形成大孔隙或裂隙，而存在大量优先流补给所致；郑州黄土状亚砂土、许昌亚砂土的峰值滞后期约为 2 个月；开封粉细砂、新乡轻亚砂土和南阳亚粘土的峰值滞后期约为 2 个月。峰值之后为降水入渗补给的衰减段，其中衰减段的时间长度可以通过相关系数估算(在此取峰值时刻至相关性不明显的最前期降水量对应的时间)。

τ 值初值取峰值滞后的时间，然后逐次增大 τ 值，并计算相应数学模型预测值与实测值之间的误差平方平均值(由于样本数目一定，随着 τ 值的变化，用于系数确定

表 4-6　不同岩性、不同水位埋深的月降水入渗补给量与月降水量的相关系数

岩性	系数	地下水位埋深(m)				
		1	2	3	5	7
开封粉细砂	P_t	0.986 5	0.886 6	0.900 8	0.532 9	0.217 4
	P_{t-1}	0.317 8	0.504 8	0.556 1	0.853 8	0.759 4
	P_{t-2}	0.159 3	0.157 5	0.124 7	0.287 8	0.551 6
	P_{t-3}				0.160 1	0.299 3
	P_{t-4}					0.164 4
安阳亚砂土夹薄层粘土和亚粘土	P_t	0.826 1	0.633 7	0.484 1	0.213 7	0.179 2
	P_{t-1}	0.302 5	0.440 8	0.791 2	0.657 2	0.171 5
	P_{t-2}			0.360 3	0.682 3	0.205 5
	P_{t-3}				0.452 4	0.356 0
	P_{t-4}				0.148 8	0.372 6
	P_{t-5}					0.306 9
	P_{t-6}					0.178 8
郑州黄土状亚砂土	P_t	0.934 4	0.940 1	0.780 7	0.231 5	0.013 7
	P_{t-1}	0.351 3	0.408 5	0.708 3	0.732 2	0.225 5
	P_{t-2}	0.261 9	0.184 8	0.273 8	0.638 9	0.568 8
	P_{t-3}				0.446 4	0.652 4
	P_{t-4}					0.489 4
	P_{t-5}					0.260 0
	P_{t-6}					0.104 6
新乡轻亚砂土	P_t	0.970 7	0.897 2	0.639 6	0.105 0	–0.064 6
	P_{t-1}	0.335 5	0.438 6	0.817 3	0.648 5	0.212 5
	P_{t-2}	0.241 7	0.172 8	0.336 6	0.711 9	0.549 6
	P_{t-3}			0.146 7	0.519 6	0.634 1
	P_{t-4}				0.151 0	0.398 8
	P_{t-5}					0.322 6
	P_{t-6}					0.110 2
许昌亚砂土	P_t	0.966 3	0.846 4	0.596 0	0.378 3	–0.432 1
	P_{t-1}	0.450 2	0.636 7	0.799 9	0.827 1	–0.082 3
	P_{t-2}	0.111 8	0.263 7	0.357 7	0.562 5	0.347 8
	P_{t-3}			0.275 9	0.467 7	0.685 0
	P_{t-4}					0.692 3
	P_{t-5}					0.498 2
	P_{t-6}					0.242 7
南阳亚粘土	P_t	0.892 4	0.780 3	0.741 7	0.751 5	0.654 9
	P_{t-1}	0.545 9	0.617 0	0.561 4	0.659 4	0.621 0
	P_{t-2}		0.163 7	0.212 7	0.107 3	0.216 9
	P_{t-3}		0.115 8	0.136 9	0.142 9	0.146 3
驻马店亚粘土	P_t	0.900 2	0.883 4	0.853 4	0.748 2	0.751 4
	P_{t-1}	0.420 4	0.519 4	0.544 4	0.596 2	0.641 4
	P_{t-2}	0.309 8	0.342 9	0.323 1	0.376 3	0.384 3

的样本数减少，这样导致误差平方和可能偏小，在此采用误差平方和平均值)，理论上使其误差平方平均值最小的数学模型最优。考虑实际监测时间序列较短的情况，应采用误差平方平均值变化对随τ值敏感性较小时刻的尽量小的τ值来建立系统响应模型。利用试算获得的τ值期内的降水量来建立不同岩性、不同地下水位埋深的降水入渗补给响应数学模型，各系数见表 4-7，根据 F 检验，除安阳亚砂土夹薄层粘土和亚粘土、许昌亚砂土的系统响应模型的显著性较差外，各系统响应模型均为极显著。

表 4-7　月降水入渗补给量与年降水量系统响应分析

岩性	地下水位埋深	系数							统计特征值		
		P_t	P_{t-1}	P_{t-2}	P_{t-3}	P_{t-4}	P_{t-5}	P_{t-6}	P_i	r	F
开封粉细砂	1 m	0.891 2							1.03	0.986 1	2 038.30
	2 m	0.555 3	0.172 8						5.73	0.912 5	139.29
	3 m	0.662 8	0.251 6						6.30	0.938 0	204.91
	5 m	0.198 1	0.536 6	0.009 7					−1.99	0.894 8	72.27
	7 m	−0.023 0	0.404 5	0.200 7	0.059 0				−4.82	0.836 6	30.31
安阳亚砂土夹薄层粘土和亚粘土	1 m	0.284 8							1.06	0.834 0	132.54
	2 m	0.122 2	0.053 2						13.00	0.681 3	24.25
	3 m	0.027 9	0.084 5	0.011 1					5.65	0.824 7	38.27
	5 m	0.004 9	0.042 3	0.036 8	0.024 8				−42.71	0.847 8	33.21
	7 m	0.014 5	0.005 0	0.002 2	0.012 3	0.008 7	0.009 1	0.0102	−65.00	0.635 1	4.44
郑州黄土状亚砂土	1 m	0.582 6							−4.80	0.936 0	409.85
	2 m	0.537 2	0.069 9						8.39	0.946 3	239.83
	3 m	0.252 6	0.209 7	0.010 7					12.22	0.915 8	93.63
	5 m	0.002 3	0.159 6	0.107 2	0.066 5				−8.24	0.880 4	44.81
	7 m	0.023 9	0.019 2	0.075 0	0.086 0	0.048 0	0.025 3	0.0380	−5.38	0.837 1	15.39
新乡轻亚砂土	1 m	0.674 5							−1.93	0.971 6	978.55
	2 m	0.368 0	0.075 3						5.40	0.907 7	131.08
	3 m	0.173 4	0.281 7	0.030 4					2.32	0.909 3	85.92
	5 m	−0.033 1	0.158 1	0.159 7	0.091 9				−9.77	0.894 7	52.16
	7 m	0.006 3	0.027 0	0.100 3	0.107 3	0.027 0	0.057 1	0.040 8	−11.20	0.804 3	12.04
许昌亚砂土	1 m	0.748 3							2.55	0.964 5	293.70
	2 m	0.394 9	0.191 8						13.71	0.896 3	40.87
	3 m	0.122 1	0.270 2	0.013 6					9.01	0.855 4	16.36
	5 m	0.056 9	0.205 6	0.023 4	0.075 4	0.052 6	0.009 9		−0.46	0.918 3	10.76
	7 m	−0.026 7	0.001 0	0.039 2	0.066 8	0.041 3	0.025 3	0.030 7	−48.28	0.864 5	4.23
南阳亚粘土	1 m	0.454 5	0.115 3						11.97	0.905 3	127.13
	2 m	0.230 1	0.129 9						17.40	0.836 4	65.21
	3 m	0.210 4	0.135 0	0.003 3					12.71	0.750 2	23.17
	5 m	0.176 4	0.154 7	−0.073 9	0.063 4	0.003 8			7.67	0.840 3	24.03
	7 m	0.214 2	0.163 3	−0.014 1	0.034 0	0.006 0	0.058 4	0.028 1	19.80	0.783 7	10.46
驻马店亚粘土	1 m	0.381 0	0.047 3	0.069 5					14.86	0.919 7	98.75
	2 m	0.347 0	0.096 2	0.069 8					14.79	0.924 5	105.82
	3 m	0.311 1	0.110 9	0.054 3					15.42	0.904 5	80.99
	5 m	0.212 3	0.121 9	0.063 6					4.30	0.851 6	47.52
	7 m	0.214 6	0.144 7	0.064 0					4.08	0.874 8	58.67

图 4-8 为不同岩性的系统响应方程系数和决定系数随地下水位埋深的变化规律，图 4-9 为不同地下水位埋深的实测降水入渗补给量与预测值的对比曲线。由表 4-6 和图 4-8 可以看出，利用系统响应分析确定的数学模型，可以比较准确地预测各月的降水入渗补给量。随着地下水位埋深的增大，当月降水量项所对应的系数 a_1 逐渐减小，前一月降水量所对应系数 a_2 呈现先增加后减小的趋势，所建系统响应模型的精度逐渐减小，特别是 7 m 地下水位埋深，P_i 出现负值，这主要是由于 7 m 地下水位埋深的样筒中，大部分时间里都存在入渗补给量，其中部分可能并非降水入渗补给所形成的。安阳亚砂土夹薄层粘土和亚粘土样筒中，岩性非均质，存在薄层的亚粘土和粘土，垂向渗透性较弱，而且部分地下水位埋深的样筒的入渗量观测值变化较大，无明显规律，因此所建模型精度较差。

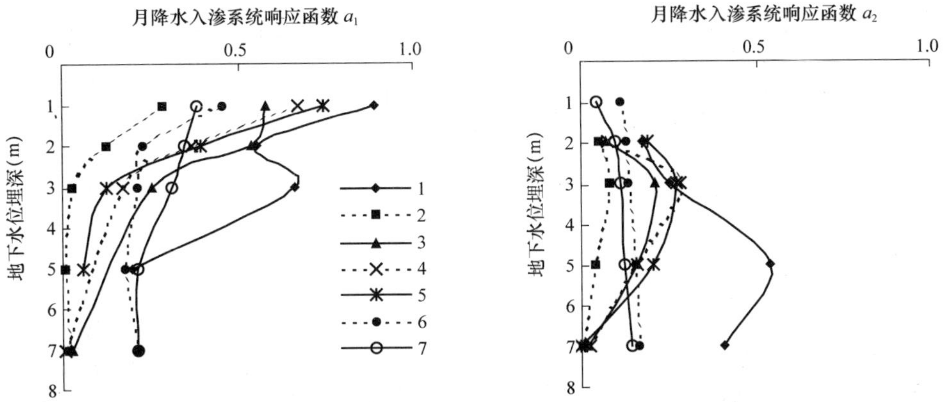

1—开封粉细砂；2—安阳亚砂土夹薄层亚粘土和粘土；3—郑州黄土状亚砂土；
4—新乡轻亚砂土；5—许昌亚砂土；6—南阳亚粘土；7—驻马店亚粘土

图 4-8　不同地下水位埋深月降水入渗补给系统响应函数特征值分布规律

(三)日降水–入渗补给系统响应模型

计算日降水入渗补给量与前期降水量的相关系数(图 4-10 为不同岩性、不同地下水位埋深日降水入渗补给量与前期降日水量的相关系数曲线)，确定不同岩性不同地下水位埋深的相关系数最大的时间作为峰值滞后时间，计算结果见表 4-8。

由图 4-10 可以看出，在地下水位埋深为 1 m 时，各岩性的日降水入渗补给量与前期降水量的相关系数随时间的变化规律基本一致，说明尽管岩性不同，降水以后当天即出现入渗峰值，并且持续时间基本相同。除亚粘土外，随着地下水位埋深的增大，峰值滞后时间逐渐增加，降水入渗补给量与降水量的相关系数整体降低，而且趋于均匀，降水入渗补给量与单次降水的相关性逐渐减弱，到地下水位埋深达 5 m 以上时，已经很难分出单次降水所产生的入渗补给量，降水入渗补给历时曲线仅能反映年际变化规律。

利用同月降水入渗补给量–月降水量系统响应模型的方法，通过试算确定适当的 τ 值来建立日降水入渗补给量–日降水量系统响应模型。图 4-11 为采用不同 τ 值所建模型的计算值与实测值之间的误差平方的平均值(由于采用不同的 τ 值，用于计算模

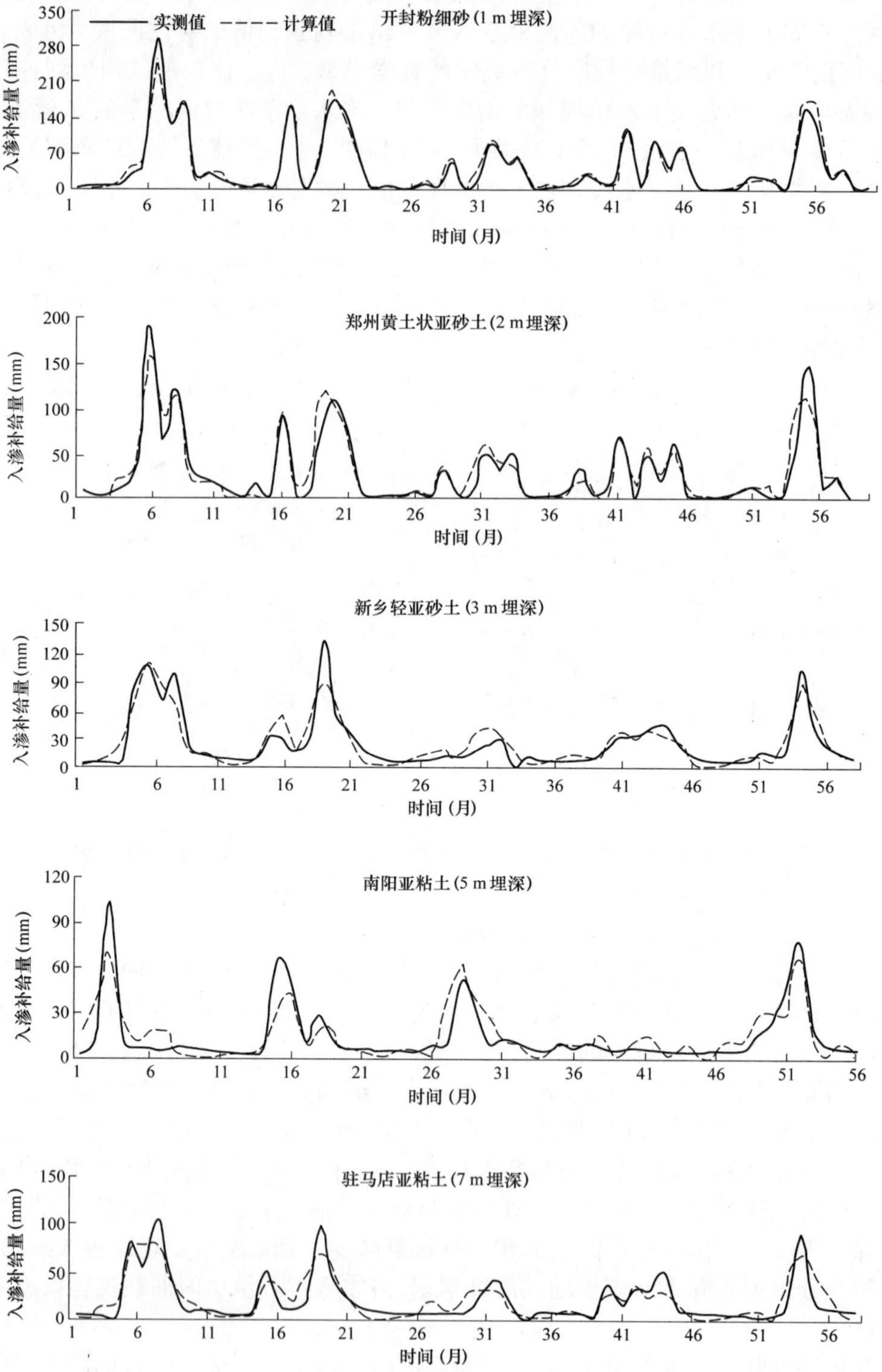

图 4-9　月降水补给量–月降水量系统响应模型预测与实测值对比

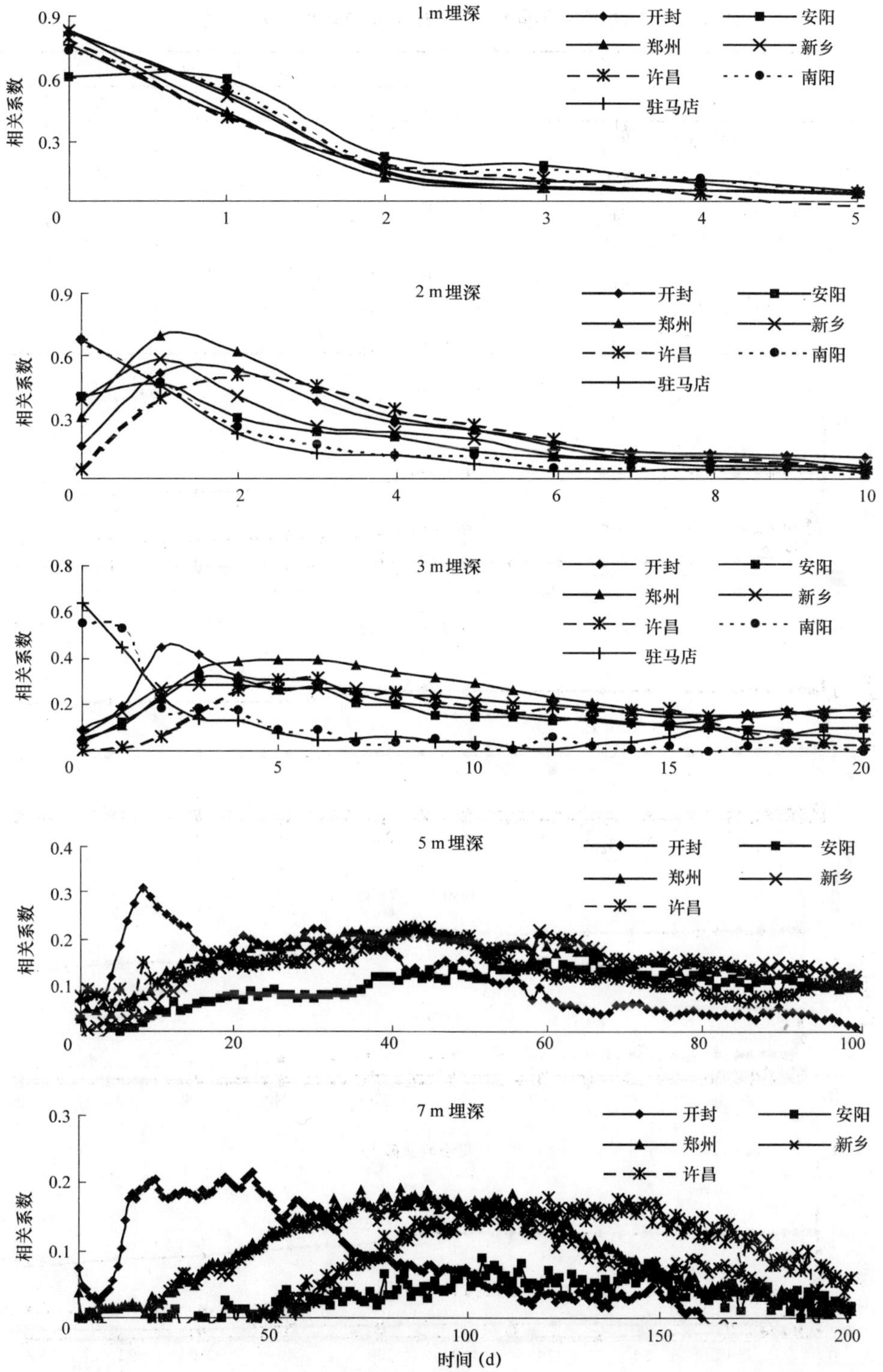

图 4-10　不同岩性、不同地下水位埋深的日降水入渗补给量与前期日降水量的相关系数对比

表 4-8　不同岩性不同地下水位埋深的峰值滞后时间　　(单位：d)

岩性	地下水位埋深(m)				
	1	2	3	5	7
开封粉细砂	0	2	2	8	45
安阳亚砂土夹薄层粘土和亚粘土	0	1	3	66	104
郑州黄土状亚砂土	0	1	6	43	83
新乡轻亚砂土	0	1	3	59	90
许昌亚砂土	0	2	8	45	121
南阳亚粘土	0	0	0	0	0
驻马店亚粘土	0	0	0	1	1

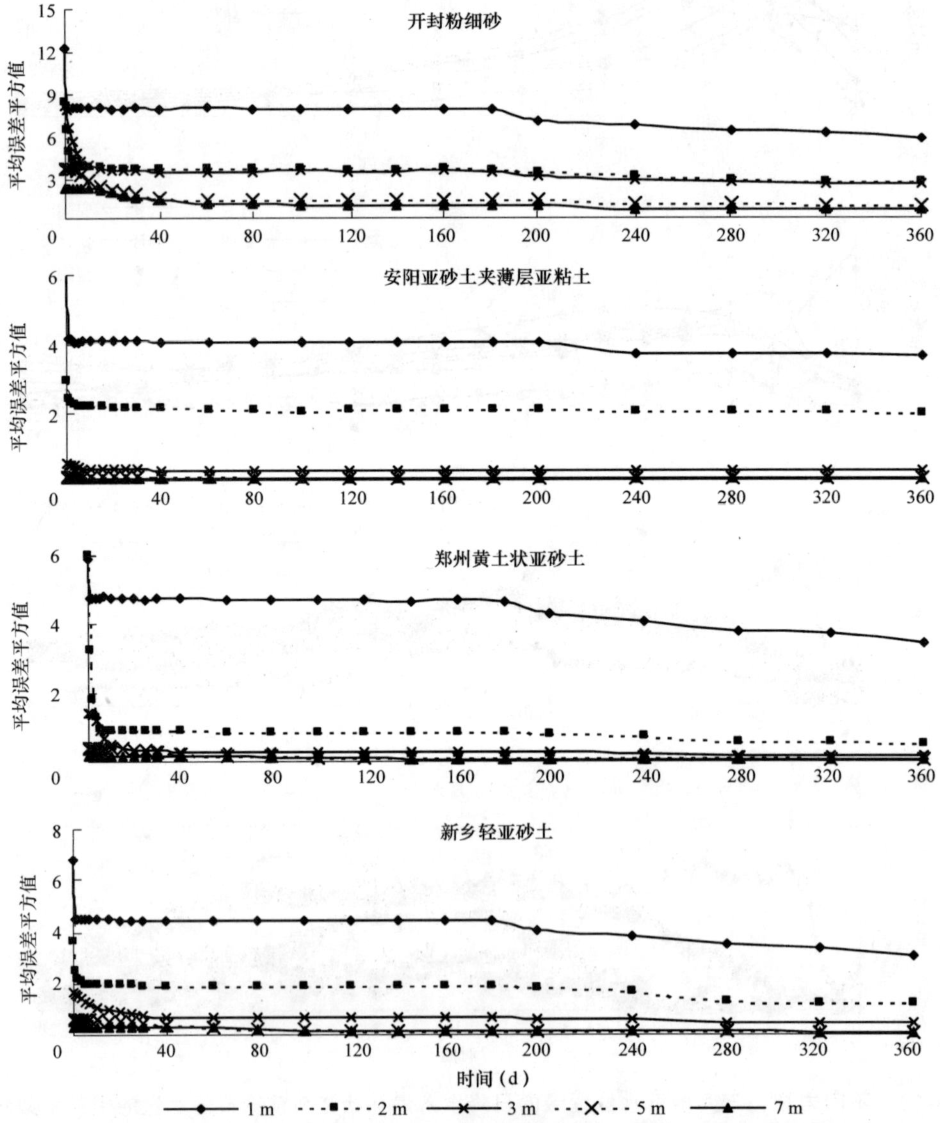

图 4-11　不同 τ 值的日降水系统响应函数的拟合误差平方平均值

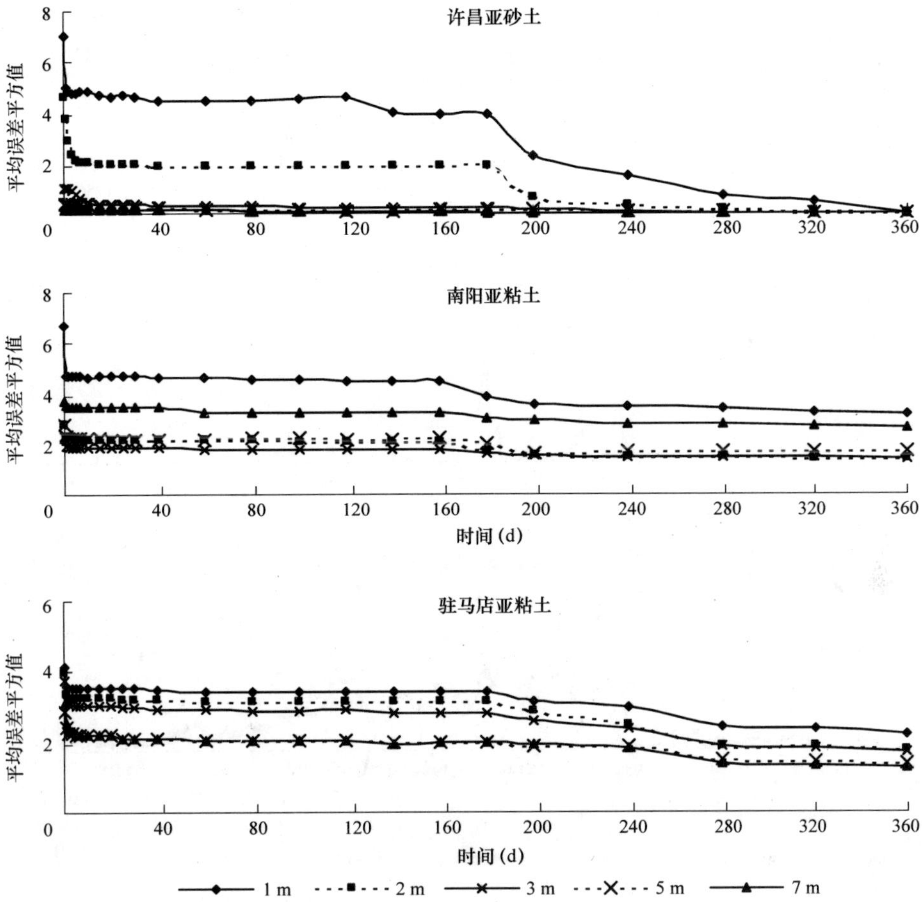

续图 4-11

型数的样本数不同，为反映计算误差的大小，才采用误差平方的平均值，而不是误差平方和)。图 4-12 为不同岩性不同地下水位埋深的实测值与计算值的对比曲线。从图 4-12 可以看出，所建模型的计算值与实测值基本一致，但是模型在计算降水后的入渗峰值时存在较大误差，计算的降水后的入渗峰值普遍小于实测值；模型计算的降水后的入渗存在峰值，而部分实测值却无峰值，这可能是由于降水强度大，多以地表径流的方式流走，而没有产生较大的入渗量。对于亚粘土，由于入渗以优先流为主，模型计算的峰值与实测值相差较大。

对于以上几种岩性，可以直接利用不同时间尺度的系统响应函数和已知连续多期降水量，来计算 1 m、2 m、3 m、5 m 和 7 m 的降水入渗补给量，并绘制降水入渗补给量随深度的变化曲线；对于埋深在上述数字之间的情况，则可通过曲线上查得。由此可见，尽管降水入渗补给系统响应分析模型只是固定岩性和埋深的情况，但通过二次处理则可以计算上述各种岩性或接近岩性在 1 ~ 7 m 范围内地下水位埋深的降水入渗补给量。

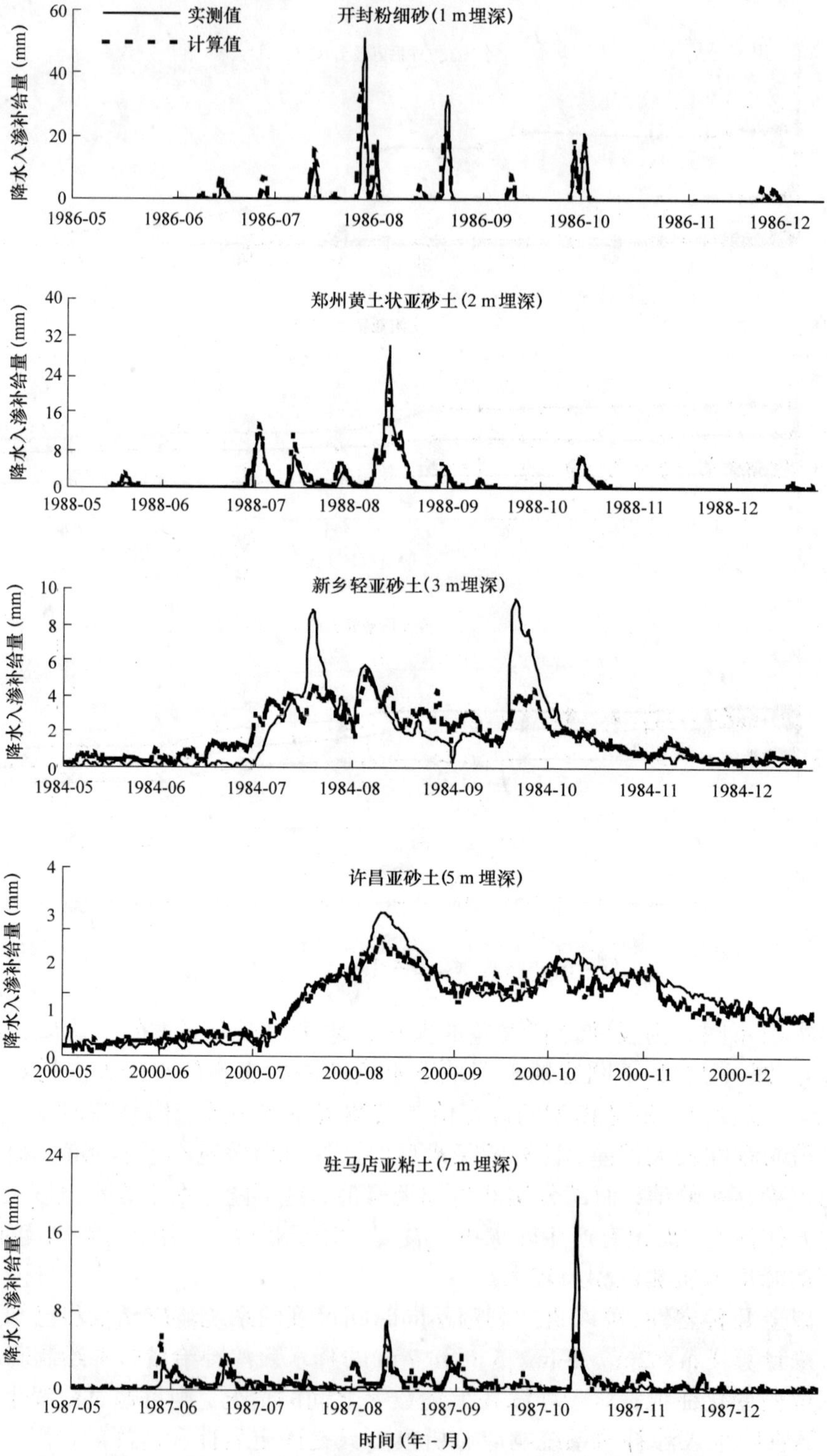

图 4-12　日降水入渗系统响应函数计算值与实测值对比曲线

第三节　降水–入渗补给回归分析

一、影响因素选择

系统响应分析仅考虑了不同时间尺度降水量对降水入渗补给量的影响,而没有考虑蒸发、地下水位埋深和初始土壤含水量的影响。由于降水渗入地下后，通过包气带最终补给地下水,计算期初始时刻包气带中水分的分布直接决定了降水入渗的速率和包气带中的土壤水分库容，从而影响最终的入渗补给量，因此是一个不得不考虑的因素。根据土壤水分均衡原理可知，包气带中土壤水分主要取决于降水、蒸发和入渗补给量控制，而初始土壤含水量主要受计算期之前某段时间内的降水量(P)、蒸发量(E)的影响。因此，降水入渗补给的回归模型可以写成

$$R(t)=\sum_{\tau=0}^{m}a_{\tau}P(t-\tau)+\sum_{i=0}^{n}b_{i}E(t-i)+cM+C \tag{4-6}$$

式中：M 为地下水位埋深；a、b、c、C 为常数；m、n 分别为前期的降水量、水面蒸发量的时间长度，由于降水和蒸发对入渗补给的影响程度不同，可以取不同的值，可利用试验设计方法，利用试算法，获得合适的值。由于在超过 1 m 时，降水入渗补给量随地下水位埋深而减小是非线性的，为统一建模，在此以线性形式表示。

二、建模方法及过程

回归模型除了考虑各期降水外，还应考虑各期蒸发量与地下水位埋深。特别是蒸发量，因为前期蒸发量将会对降水入渗补给产生影响。为了能够利用尽可能少的前期降水量和前期蒸发量，并获得尽量好的拟合效果，需要通过试算法获得前期降水量和前期蒸发量的数目。

(一)均匀设计简介

试验设计的目的是利用最少的试验数目来获得满意的参数。均匀设计是我国数学家方开泰和王元提出的一种适用于多因素多水平的试验设计方法,它是一种将试验点均匀地散布在试验范围内的科学试验方法，尤其是对那些范围较大、因素水平较多的复杂试验，采用均匀设计法会收到较好的效果。

均匀设计的实施常用一个均匀表 $U_n(q^s)$和相对应的使用表来完成，U 表示均匀设计；n 表示要做 n 次试验；q 表示每个因素有 q 个水平；s 是表中列的数目，表示最多可安排 s 个因素。每个均匀设计表都附有一个使用表，说明所选试验方案的均匀度。

均匀设计的步骤为：①根据试验的目的，选择合适的因素及其水平；②选择合适的均匀设计表及其使用表，选出列号，将因素分别安排到这些列号上，并将这些因素的水平按所在列的指示分别对号。

(二)建模过程

首先确定降水量、蒸发量的期次取值范围，并确定其试验水平，在均匀设计原则

指导下确定试验方案，并计算相应的误差平方平均值，然后利用 SURFER 等软件绘制误差平方平均值等值线，确定全局最小的点；然后在所选全局最小的点周围，以更小的水平间隔重新确定试验水平，按照均匀设计的原则在此进行试验，最终找到最合适的前期降水量和蒸发量的期次。最后根据所选变量进行回归分析建模。

三、降水–入渗补给回归模型

(一)年降水入渗补给模型

根据前面分析，年降水入渗补给量与前期的降水量、蒸发量、入渗补给量和当年蒸发量关系不密切，因此降水与入渗补给回归模型可简化为

$$R(t) = aP(t) + bM + C \qquad (4\text{-}7)$$

利用实测数据获得各参数，见表 4-9。由回归结果 a 为正值可以看出，降水入渗补给量与降水量成正比。b 为负值，说明降水入渗补给量与地下水位埋深成反比，其中新乡轻亚砂土对地下水位埋深的敏感性最强，其次是开封粉细砂，而驻马店亚粘土最不敏感，说明驻马店亚粘土中降水入渗补给以捷径式为主。

表 4-9 不同岩性降水入渗补给量与降水量和地下水位埋深回归参数

岩 性	a	b	C	r	F	显著性
开封粉细砂	0.917 1	−6.504 1	−157.83	0.812 4	84.43	极显著
郑州黄土状亚砂土	0.502 6	−4.007 1	−65.06	0.709 7	44.15	极显著
新乡轻亚砂土	0.620 0	−22.710 0	−4.38	0.753 9	57.27	极显著
驻马店亚粘土	0.552 2	−0.688 1	−105.07	0.839 8	104.05	极显著

(二)月降水入渗补给模型

根据前面分析和回归模型试验结果可知，m 和 n 均在 10 个月以内。按照均匀设计的原则，共进行 10 次试算(试算方案见表 4-10)，分别计算相应的回归方程的决定系数(R^2)、F 值(显著性检验)和误差平方均值。综合比较各指标，以尽可能小的 m 和 n 值获得尽可能显著的回归方程。最后获得的回归方程系数见表 4-11。由表 4-11 可以看出，降水入渗补给量主要受本月降水量以及前两个月的降水量影响，当月降水量的影响占降水量影响的比例在 58% ~ 67%之间。月降水补给量与月降水蒸发成负相关，其中前月蒸发量对降水入渗补给的影响大于当月蒸发量，这是由于前月蒸发量直接影响了当月初始土壤含水量的分布，当月滞留于包气带中水分的增加，造成了入渗补给量的减少。当地下水位埋深超过 1 m 时，降水入渗补给量随地下水位埋深增大而减小，其中黄土状亚砂土受地下水位埋深的影响最大，依次为亚砂土、轻亚砂土、亚粘土、亚砂土夹薄层亚粘土和粉细砂；驻马店亚粘土的入渗主要为捷径式，受地下水位埋深的影响较小，而且呈现随地下水位埋深增大而增大的趋势，这可能是不同地下水位埋深样筒中的大孔隙或裂隙发育程度不同所致。

表 4-10　月降水入渗量回归模型参数选取设计

试算序号	1	2	3	4	5	6	7	8	9	10
m	1	2	3	4	5	6	7	8	9	10
n	7	3	10	6	2	9	5	1	8	4

4-11　月降水入渗回归模型参数

项目	开封粉细砂	安阳亚砂土夹薄层粘土和亚粘土	郑州黄土状亚砂土	新乡轻亚砂土	许昌亚砂土	南阳亚粘土	驻马店亚粘土
P_t	0.506 5	0.102 1	0.302 5	0.259 0	0.256 8	0.275 3	0.321 2
P_{t-1}	0.277 3	0.038 8	0.090 7	0.106 7	0.134 3	0.142 0	0.102 2
P_{t-2}	0.019 3	0.011 1	0.063 7	0.079 7			0.059 8
E_t	−0.023 4	−0.004 4	−0.001 6	−0.012 8	−0.048 9	−0.017 5	−0.014 3
E_{t-1}	−0.080 9	−0.024 1	−0.063 0	−0.060 8		−0.070 7	−0.045 2
M	−0.498 0	−0.659 2	−2.679 9	−1.522 4	−1.995 6	−0.724 1	0.256 8
C	15.758 0	7.490 0	20.476 0	19.915 0	16.094 0	8.064 8	2.315 6
r	0.819 8	0.568 1	0.743 4	0.695 6	0.714 6	0.797 0	0.894 3
F	96.69	22.48	58.26	44.20	28.70	100.65	188.33

图 4-13 为月降水入渗补给量回归方程计算值与实测值的对比曲线。由图 4-13 可以看出，尽管回归模型考虑了地下水位埋深、蒸发量和前期入渗补给量的影响，但是计算精度并没有只考虑降水的系统响应模型是否精确。说明蒸发和地下水位埋深，尤其是地下水位埋深对降水入渗补给的影响非常显著，而且它们对降水入渗补给量的影响是非线性的，利用线性化方程来拟合，则存在较大的误差。但是该模型综合考虑了各因素，特别是地下水位埋深的影响，在实际工作中，地下水位是变化的，不能利用定地下水位埋深的模型去计算，而回归模型则可以计算不同地下水位埋深的降水入渗补给量。

(三)日降水入渗补给模型

由月降水入渗补给回归模型可知，m 和 n 均在 4 个月以内，即 120 d 以内。按照均匀设计的原则，以 5 作为一个水平间隔，共进行了 24 次试算，分别计算相应的回归方程的决定系数(R^2)、F 值(显著性检验)和误差平方均值，综合比较各指标，选取适当的 m、n；然后在 m、n 附近选取适当范围，缩小试验水平间隔，重新按均匀设计进行试算，直至获得最合适的 m 和 n 值。并以此来建立日降水入渗补给量回归模型，并将计算值和实测值进行对比(见表 4-12，图 4-14)。由表 4-12 和图 4-14 可以看出，尽管采用均匀设计方法，获得了尽量显著且误差尽量小的回归方程，但是计算值和实测值之间的误差仍然很大，其中地下水位埋深 3 ~ 7 m 的误差较小，1 m、2 m 的误差较大，这主要是由于降水入渗补给量随地下水位埋深的变化规律为非线性的，而且单日的降水量与当日的入渗补给量以及地下水位埋深无明显的相关关系。

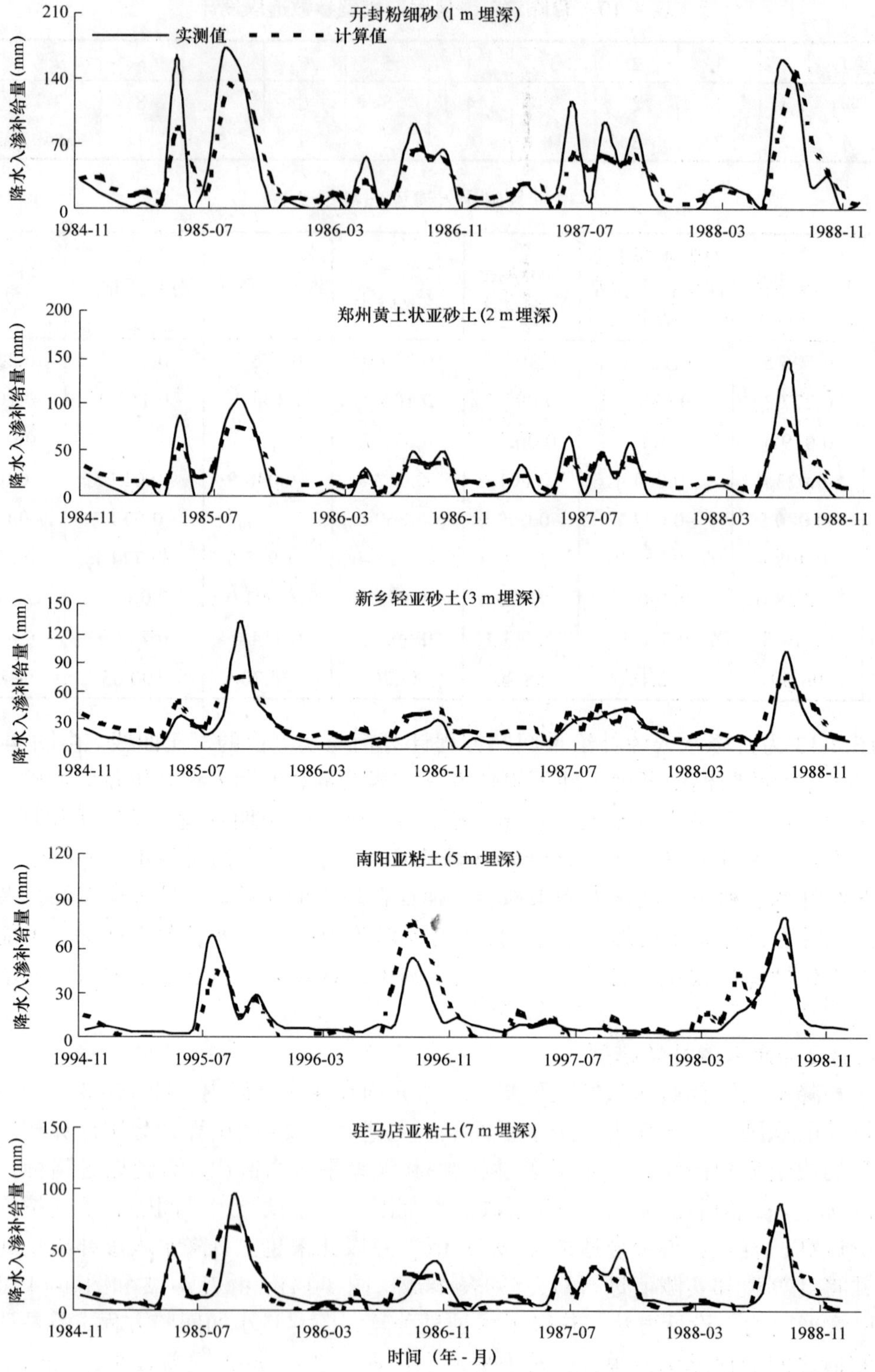

图 4-13　月降水入渗补给量回归方程计算值与实测值对比曲线

表 4-12　日降水入渗补给回归模型误差统计分析

岩性	误差	地下水位埋深(m)					合计
		1	2	3	5	7	
开封粉细砂	最小	–70.36	–31.27	–31.07	–14.76	–6.73	–70.36
	最大	9.03	13.63	16.37	13.97	13.60	16.37
	平均值	–0.10	0.21	–0.08	–0.06	0.03	0.00
	标准差	5.09	2.30	2.37	1.96	1.97	2.99
	误差平方平均值	129.61	26.56	28.02	19.30	19.47	44.59
安阳亚砂土夹薄层粘土和亚粘土	最小	–45.15	–27.90	–8.44	–2.04	–1.54	–45.15
	最大	3.80	6.92	9.96	9.39	9.61	9.96
	平均值	–0.15	0.09	0.14	–0.04	–0.03	0.00
	标准差	2.66	1.51	0.88	0.82	0.81	1.52
	误差平方平均值	35.57	11.39	3.92	3.39	3.26	11.50
郑州黄土状亚砂土	最小	–42.43	–22.34	–7.77	–4.72	–3.02	–42.43
	最大	5.36	7.49	11.69	11.59	11.69	11.69
	平均值	–0.21	0.07	0.23	0.02	–0.10	0.00
	标准差	3.58	1.82	1.30	1.28	1.28	2.06
	误差平方平均值	64.11	16.59	8.71	8.23	8.19	21.17
新乡轻亚砂土	最小	–42.57	–22.37	–7.58	–4.75	–3.04	–42.57
	最大	5.35	7.50	11.55	11.45	11.55	11.55
	平均值	–0.21	0.07	0.23	0.02	–0.10	0.00
	标准差	3.58	1.82	1.30	1.28	1.28	2.06
	误差平方平均值	64.22	16.60	8.65	8.20	8.19	21.17
许昌亚砂土	最小	–45.35	–18.27	–5.96	–3.89	–1.31	–45.35
	最大	4.58	9.63	13.07	12.59	12.69	13.07
	平均值	–0.20	0.11	0.20	–0.10	–0.02	0.00
	标准差	3.68	1.73	1.28	1.19	1.20	2.05
	误差平方平均值	67.74	15.00	8.41	7.12	7.21	21.09
南阳亚粘土	最小	–42.87	–15.44	–22.88	–30.91	–41.61	–42.87
	最大	7.45	16.62	14.02	16.47	16.33	16.62
	平均值	–0.17	0.14	0.09	–0.02	–0.04	0.00
	标准差	2.66	1.40	1.42	1.62	1.83	1.85
	误差平方平均值	35.59	9.89	10.10	13.12	16.78	17.09
驻马店亚粘土	最小	–27.49	–27.64	–27.77	–21.02	–21.73	–27.77
	最大	8.80	11.09	12.77	15.77	15.81	15.81
	平均值	–0.01	–0.02	0.04	0.01	–0.02	0.00
	标准差	2.11	1.82	1.71	1.57	1.71	1.79
	误差平方平均值	22.18	16.64	14.55	12.28	14.56	16.04

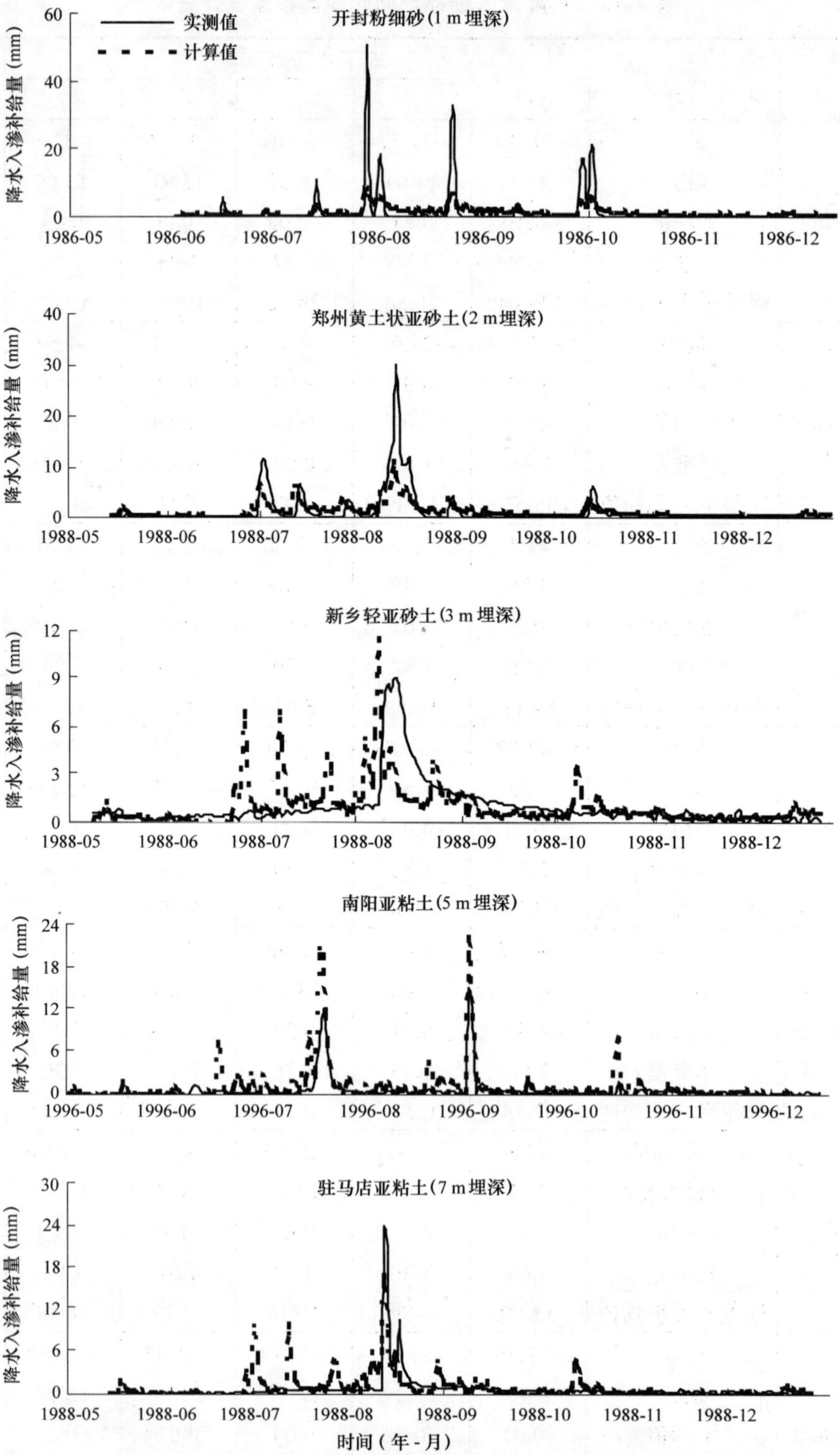

图 4-14　日降水渗补给量回归模型计算与实测值对比曲线

第四节　小　结

(1)影响降水补给地下水的因素主要有降水量、降水特征、包气带岩性、地下水位埋深等。通过年和月降水入渗补给量与降水量关系分析，它们之间呈显著线性正相关，随着地下水位埋深增大，相关性减小，入渗补给量也减小。砂性土随着埋深的增大，降水入渗补给量呈现先减小后近于稳定的态势，降水入渗补给量随水位埋深(1～7 m)的增加呈指数型递减。对于亚粘土，由于其中存在明显的优先流，入渗补给量随地下水位埋深变化较小。降水间隔时间较长，降水过于集中(暴雨)，降水强度超过地面入渗能力，部分降水量转化为地表径流，不利于入渗补给。年降水量过小时，由于降水量中相当 部分要补足包气带中的水分空缺，能补给地下水的有效降水量就很小。因此，不超过地面入渗速率的连续降雨最有利于地下水的补给。在相同的降水特征和水位埋深条件下，不同岩性的降水入渗补给量不同。降水入渗补给量大小总体而言开封粉细砂>驻马店亚粘土>许昌亚砂土>南阳亚粘土>安阳亚砂土夹薄层粘土和亚粘土。但是地下水位埋深不同，各岩性入渗补给量的大小顺序发生改变，地下水位埋深较浅时，降水入渗补给量大小变化为：开封粉细砂>许昌亚砂土>驻马店亚粘土>南阳亚粘土>安阳亚砂土夹薄层粘土和亚粘土。

(2)降水入渗补给量是当期及前期降水量、蒸发量、地下水位埋深等因素的函数，特别是随地下水位埋深的变化是非线性的，不能单单利用降水入渗系数和当期降水量的乘积来计算，而且降水入渗补给量存在明显的时间尺度效应。在综合分析降水与各种影响因素的关系的基础上，利用系统响应分析技术，建立了不同岩性、不同埋深、不同时间尺度的降水入渗系统响应函数，该函数可以计算相应岩性和地下水位埋深情况下不同降水特征的入渗补给量。

(3)在综合考虑多期降水、蒸发和地下水位埋深的基础上，建立了不同时间尺度上(年、月、日)的降水入渗回归模型，其中年、月降水入渗补给回归模型计算效果较好。年降水入渗补给量与年降水量成正相关，而与地下水位埋深成负相关。其中新乡轻亚粘土对地下水位埋深的敏感性最强，其次是开封粉细砂，而驻马店亚粘土最不敏感，说明驻马店亚粘土中降水入渗补给以捷径式为主。月降水入渗补给量主要受本月降水量以及前两个月的降水量影响，月降水入渗补给量受当月降水量影响的比例在58%～67%之间。月降水补给量与月蒸发量成负相关，其中前月蒸发量对降水入渗补给的影响大于当月蒸发量，这是由于前月蒸发量直接影响了当月初始土壤含水量的分布，当月滞留于包气带中的水分的增加，造成入渗补给量的减少。降水入渗补给量随地下水位埋深增大而减小，其中黄土状亚砂土受地下水位埋深的影响最大，依次为亚砂土、轻亚砂土、亚粘土、亚砂土夹薄层亚粘土和粉细砂；驻马店亚粘土的入渗主要为捷径式，受地下水位埋深的影响较小。日降水入渗回归的计算误差较大，主要是受降水入渗补给滞后延迟效应的影响。

第五章　降水入渗过程数值模拟

尽管利用系统响应模型可以比较准确地估算降水入渗补给量，但是不能准确描述降水入渗过程中存在的滞后、延迟和优先流等现象，也不能反映土壤含水量状况对降水入渗过程的影响。数值模拟技术可以模拟降水入渗过程中的土壤水分运移规律，不仅可以反映降水量、蒸发量等对降水入渗补给量的影响，还可以准确地反映降水前的土壤水分状态对降水入渗补给量的作用。

第一节　数学模型

地中渗透仪中，土壤水分以垂向运移方式补给地下水，因此可以采用一维非饱和土壤水分运移方程(即 Richards 方程)描述

$$\begin{cases} \dfrac{\partial\theta}{\partial t}=\dfrac{\partial}{\partial z}[K(\theta)\dfrac{\partial h}{\partial z}]+\dfrac{\partial K(\theta)}{\partial z} \\ \theta(z,t)=\theta_0(z) \\ h(z,t)\big|_{z=B}=h(B,t) \\ -K(\theta)(\dfrac{\partial h}{\partial z}+L)_{|z=0}=q_0(t) \end{cases} \tag{5-1}$$

式中：θ为土壤体积含水量；h 为负压水头；z 为垂向坐标，零点取在地面，向上为正；t 为时间；$K(\theta)$为对应含水量θ时的土壤渗透系数；$q_0(t)$为上边界处的水分通量；$h(B,\ t)$为下边界处负压值，地中渗透仪的底边界取为定水头边界，其压力水头为 0；L 为模型深度。模型中不考虑土壤吸、脱水之间的滞后作用。

第二节　数值解法

方程(5-1)为一非线性偏微分方程，只有在极少数简单情况下才能用解析解求解。对于田间问题一般只能用数值方法求解。在此采用迦辽金有限单元进行求解。

一、空间离散

对于一维土壤水分运移方程的数值求解，首先将土壤剖面剖分成 $N-1$ 个相邻单元，共 N 个节点。约定垂向坐标 z 向上为正。有限单元法与有限差分法离散化所形成的代数方程形式是一致的(张宏仁，1994；Vogel，1996)，对于一维流动问题，只存在一种空间离散化形式，在此直接利用有限差分形式

$$\frac{\theta_i^{j+1,k+1}-\theta_i^j}{\Delta t}=\frac{1}{\Delta z}\left[K_{i+1/2}^{j+1,k+1}\frac{h_{i+1}^{j+1,k+1}-h_i^{j+1,k+1}}{\Delta z_i}-K_{i-1/2}^{j+1,k}\frac{h_i^{j+1,k+1}-h_{i-1}^{j+1,k+1}}{\Delta z_{i-1}}\right]+\frac{K_{i+1/2}^{j+1,k}-K_{i-1/2}^{j+1,k}}{\Delta z} \tag{5-2}$$

$$\left.\begin{aligned}&\Delta t=t^{j+1}-t^j \quad \Delta z=\frac{z_{i+1}-z_{i-1}}{2}\\&\Delta z_i=z_{i+1}-z_i \quad \Delta z_{i-1}=z_i-z_{i-1}\\&K_{i+1/2}^{j+1,k}=\frac{K_{i+1}^{j+1,k}+K_i^{j+1,k}}{2} \quad K_{i-1/2}^{j+1,k}=\frac{K_i^{j+1,k}+K_{i-1}^{j+1,k}}{2}\end{aligned}\right\} \tag{5-3}$$

式中：i–1、i、i+1 表示差分网格的位置；k 和 k+1 分别表示前一次和本次的迭代水平；j 和 j+1 分别表示前一次和本次的时间。

为减小质量平衡误差，将土壤容水度 C 代入方程(5-2)，得

$$C_i^{j+1,k}=\frac{\mathrm{d}\theta}{\mathrm{d}h}\Big|_i^{j+1,k} \tag{5-4}$$

$$\frac{\theta_i^{j+1,k+1}-\theta_i^j}{\Delta t}=C_i^{j+1,k}\frac{h_i^{j+1,k+1}-h_i^{j+1,k}}{\Delta t}+\frac{\theta_i^{j+1,k}-\theta_i^j}{\Delta t} \tag{5-5}$$

式(5-5)右边第二项在当次迭代之前是已知的，而当迭代收敛时，右边第一项则近似为零。因此，式(5-1)的最终可离散化为如下形式：

$$[P_w]^{j+1,k}\{h\}^{j+1,k+1}=\{F_w\} \tag{5-6}$$

$$[P_w]=\begin{vmatrix}d_1 & e_1 & 0 & & & 0\\ e_1 & d_2 & e_2 & & & 0\\ 0 & e_2 & d_3 & e_3 & & 0\\ & & & & & \\ 0 & & & e_{N-2} & d_{N-1} & e_{N-1}\\ 0 & & & & e_{N-1} & d_N\end{vmatrix} \tag{5-7}$$

$$d_i=\frac{\Delta x}{\Delta t}C_i^{j+1,k}+\frac{K_{i+1}^{j+1,k}+K_i^{j+1,k}}{2\Delta x_i}+\frac{K_i^{j+1,k}+K_{i-1}^{j+1,k}}{2\Delta x_{i-1}} \tag{5-8}$$

$$e_i=-\frac{K_i^{j+1,k}+K_{i+1}^{j+1,k}}{2\Delta x_i} \tag{5-9}$$

$$f_i=\frac{\Delta x}{\Delta t}C_i^{j+1,k}h_i^{j+1,k}-\frac{\Delta x}{\Delta t}(\theta_i^{j+1,k}-\theta_i^j)+\frac{K_{i+1}^{j+1,k}-K_{i-1}^{j+1,k}}{2} \tag{5-10}$$

式中：d_i、e_i、f_i 由边界条件确定。

二、时间离散

对于时间离散，采用变时间间隔的离散方式，根据收敛的迭代次数调整时间间隔。如果在某一特定时间步长达到收敛所需的迭代次数≤3，则下一时间段的时间增量可以乘以一个大于 1 的常数(一般在 1.1 ~ 1.5 之间)。如果迭代次数≥7，则下一时间段的时间增量可以乘以一个小于 1 的常数(一般在 0.3 ~ 0.9 之间)。在某一特定时间段，

如果在任一时间水平中收敛的迭代次数超过给定的最大值(一般在 10 ~ 50 之间)时，该时间水平的迭代终止。该时间段长度改为$\Delta t/3$，并重新开始迭代过程。初始时间间隔为 1 d，最小时间间隔为 0.01 d，最大时间步长为 10 d。

三、边界条件

(一)第一类边界(压力水头边界)

若上边界或下边界为第一类边界，则 d_1 或 d_N 为 1，e_1 或 e_{N-1} 为零，f_1 或 f_N 等于指定的压力水头值 h_0。

(二)第三类边界

若下边界为第三类边界

$$q=-K\frac{\partial h}{\partial z}-K \tag{5-11}$$

则

$$d_1=\frac{K_1^{j+1,k}+K_2^{j+1,k}}{2\Delta x_1} \tag{5-12}$$

$$e_1=-\frac{K_1^{j+1,k}+K_2^{j+1,k}}{2\Delta x_1} \tag{5-13}$$

$$f_1=\frac{K_1^{j+1,k}+K_2^{j+1,k}}{2}+q_0^{j+1} \tag{5-14}$$

式中：q_0 为指定的底边界流量。

若顶边界为流量边界，可以用类似达西定律差分格式来实现，但容易导致解的不稳定，因此可以采用质量守恒式来代替：

$$\frac{\partial \theta}{\partial t}=-\frac{\partial q}{\partial z} \tag{5-15}$$

将式(5-15)进行差分：

$$\frac{\theta_N^{j1,k+1}-\theta_N^{j}}{\Delta t}=-\frac{2(q_N^{j+1}-q_{N-1/2}^{j+1,k})}{\Delta x_{N-1}} \tag{5-16}$$

$$d_N=\frac{\Delta x_{N-1}}{2\Delta t}C_N^{j+1,k}+\frac{K_N^{j+1,k}-K_{N-1}^{j+1,k}}{2\Delta x_{N-1}} \tag{5-17}$$

$$f_N=\frac{\Delta x_{N-1}}{2\Delta t}C_N^{j+1,k}h_N^{j+1,k}-\frac{\Delta x}{2\Delta t}(\theta_N^{j+1,k}-\theta_N^{j})+\frac{K_N^{j+1,k}+K_{N-1}^{j+1,k}}{2}-q_N^{j+1} \tag{5-18}$$

式中：q_N 为指定的土壤表面的边界流量。

四、HYDRUS 软件简介

HYDRUS 是由美国国家盐改中心(US Salinity Laboratory)于 1991 年开发的一套用于模拟变饱和多孔介质中水分、热和溶质运移的数值模型。该模型综合考虑了水分运动、热运动、溶质运移和作物根系吸收等，适用于各种边界条件和稳定及非稳定水热盐运移数值模拟问题。模型中方程解法采用 Galerkin 线性有限元法，可用于模拟水、热、各种溶质的迁移与转化过程。HYDRUS—1D 具有良好的 Windows 界面，便于边界条件处理和数据的输入以及计算结果的后处理。

第三节 降水入渗过程数值模拟

降水–土壤水–地下水之间的相互转换是一个复杂的非线性系统，很难准确求得其解析解。而通过数值模拟技术，不仅可以比较准确获得降水入渗补给地下水的量以及降水入渗过程中土壤水分变化规律，还可以对降水入渗过程中存在的滞后、延迟和优先流等现象进行定量研究。

一、数值模拟方案

郑州均衡场内共有 7 种岩性，每种岩性设有 5 种地下水位埋深，共 35 组试筒。其中开封粉细砂、新乡亚砂土和驻马店亚粘土地下水位埋深为 2 m、3 m、5 m 和 7 m 的 12 个试筒内设有中子仪观测土壤含水量。以这 12 个试筒为基础，分别对不同岩性、不同地下水位埋深的降水入渗过程进行了模拟。

2 m 试筒中地下水位埋深较小，入渗补给过程短，而且补给的速度快，补给量大，土壤含水量变化较大，与地下水位埋深较大的试筒相比，更能反映土壤岩性水力性质对降水入渗过程的影响。因此，选用 2 m 试筒对各岩性的水力参数进行识别，并分析其中水分运移规律，然后用识别后的参数分别对 3 m、5 m 和 7 m 埋深的试筒进行模拟，分析其降水入渗过程的滞后、延迟和优先流等特征。

二、数值模拟过程

土壤水分运移模拟一般按如下过程进行，见图 5-1。

(一)离散化

模型深度取值地下水面(即整个试筒)，按照 2 cm 间隔进行剖分。

模拟时段从 2000 年 5 月 1 日 ~ 2001 年 12 月 31 日，共 609 d。

(二)确定边界条件

试筒顶部土体裸露于空气中，直接接受降水入渗补给和蒸发，可处理为已知流量边界。在 HYDRUS 中，可以直接在模型顶部单元上赋实测降水量和潜在蒸发量。各试筒取同样的值。

各试筒均采用马里奥特瓶来观测降水入渗补给量和地下水蒸发量，地下水位保持恒定，因此处理为定水头边界。在 HYDRUS 中保持压力水头为零。

(三)确定初始条件

均衡试验场自 2000 年 4 月 1 日开始监测土壤含水量，为尽量避免由于中子仪安装等可能造成的误差，而且整个 4 月份几乎没有降水，取 2000 年 5 月 1 日作为初始时刻。将 2000 年 5 月 1 日的实测不同深度土壤含水量，按线性插值的方式为各节点赋初始含水量。

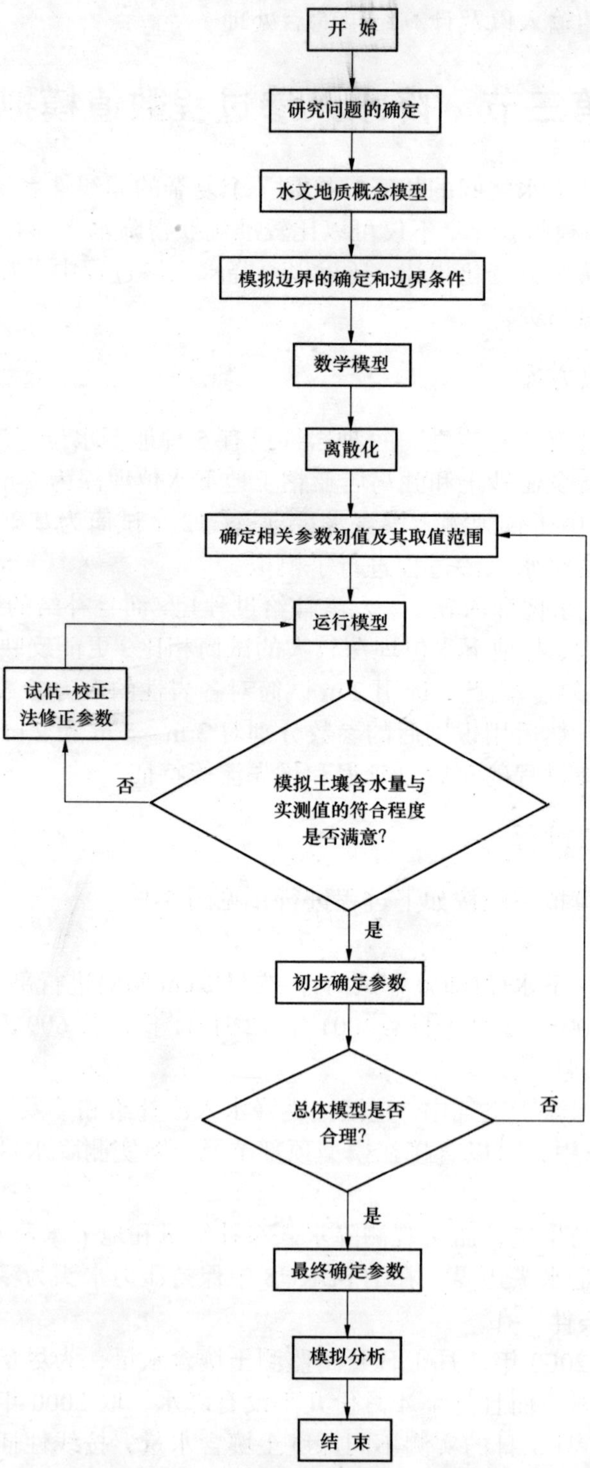

图 5-1　土壤水分运移模拟过程图

(四)选取水力参数

土壤水分特征参数采用常用的 van Genuchten 模型(式(5-19) ~ 式(5-23))。由于缺少土壤水分特征曲线试验资料，可以利用土壤颗粒分析资料和经验模型初选相关参数。

$$\theta(h)=\begin{cases}\theta_r+\dfrac{\theta_s-\theta_r}{\left[1+|\alpha h|^n\right]^m} & h<0\\ \theta_s & h\geqslant 0\end{cases} \tag{5-19}$$

$$K(h)=\begin{cases}K_rK_s & h<0\\ K_s & h\geqslant 0\end{cases} \tag{5-20}$$

$$K_r=S_e^{1/2}\left[1-\left(1-S_e^{1/m}\right)^m\right]^2 \tag{5-21}$$

$$S_e=\frac{\theta-\theta_r}{\theta_s-\theta_r} \tag{5-22}$$

$$m=1-1/n \tag{5-23}$$

USSL(United States Salinity Laboratory，美国国家盐改中心)根据 1913 个不同岩性的颗粒组成、干密度、土壤水分特征曲线参数、饱和渗透系数等实测数据，利用人工神经网络技术建立了土壤水分特征曲线参数和饱和渗透系数与土壤颗粒组成、干密度之间的函数关系(Rosetta 软件)。根据实测土壤颗粒组成(见表 5-1)，利用 Rosetta 软件提供的神经网络模型来计算郑州地中渗透仪试筒中三种岩性的土壤水分特征曲线参数，结果见表 5-2。

表 5-1　郑州均衡试验场部分岩性颗粒组成分析资料

岩性	粒径(%)			UNSODA 定名
	砂粒(mm)	粉粒(mm)	粘粒(mm)	
	2 ~ 0.05	0.05 ~ 0.005	<0.005	
开封粉细砂	95.5	0.8	4.7	Sand
新乡亚砂土	45.0	40.5	13.5	Loam
驻马店亚粘土	10.4	60.8	28.8	Silt Loam/ Silt

表 5-2　用 Rosetta 估算的经验参数值

岩性	θ_r	θ_s	α	n	m	K_s(cm/d)
开封粉细砂	0.057 6	0.372 8	0.029 8	3.223 8	0.689 8	655.97
新乡亚砂土	0.049 6	0.394 3	0.010 8	1.492 8	0.330 1	15.59
驻马店亚粘土	0.084 6	0.462 7	0.0070	1.548 5	0.354 2	11.81

根据人工入渗试验结果，不同岩性、不同埋深的降水入渗速率见表 5-3。由于模拟人工次降水量较大(40.0 ~ 83.5 mm)，1 m 粉细砂中的水分流动近似为饱和一维流动，因此可将峰值速率认为是参考饱和渗透系数。对于其他岩性，由于存在优先流，较浅埋深的试筒中入渗速率较快。尽管土壤中的大孔隙或裂隙在一定深度之下呈递减趋势，但埋深较浅时的峰值速率普遍大于 Rosetta 经验值。由于降水入渗过程中土壤并非全饱和，因此该参考饱和入渗系数普遍比实际饱和入渗系数小，但具有一定的参考意义。

表 5-3　人工入渗试验结果

岩性	项目	地下水位埋深(m)				
		1	2	3	5	7
开封粉细砂	注水量(mm)	50.0	60.1			
	初见速率(cm/d)	575.0	103.2	48.0	11.5	5.0
	峰值速率(cm/d)	455.0	57.6	38.4	5.0	3.8
黄土状亚砂土	注水量(mm)	50.0	60.1			
	初见速率(cm/d)	1 440.0	271.2	124.8	11.0	5.0
	峰值速率(cm/d)	288.0	100.8	33.6	5.3	4.3
轻亚砂土	注水量(mm)	83.5				
	初见速率(cm/d)	408.0	62.4	15.6	8.9	5.7
	峰值速率(cm/d)	168.0	52.8	5.0	7.4	5.0
亚砂土夹薄层粘土和亚粘土	注水量(mm)	40				
	初见速率(cm/d)	48.0	28.8	8.4		
	峰值速率(cm/d)	33.6	21.6	4.8		

(五)参数识别

一维土壤水分运动方程(5-1)描述了土壤水分在土壤中的整体运移，相当于降水的活塞式入渗补给。由于试筒的土壤中可能存在大孔隙或裂隙，不可避免地存在捷径式补给，因此实际计算的入渗补给量可能比实测的小。中子仪所测含水量是指测点附近一定球形范围(半径 10 ~ 15 cm)内的平均土壤含水量，而优先流引起的土壤水含水量变化相对较小，因此可以认为土壤含水量的变化主要是活塞式入渗引起的。土壤中的大孔隙在某一深度达到最大，然后随深度增加呈现减少趋势。因此，优先流部分水分可能在下部积累，然后部分以活塞式下移，下部土壤水分基本不变可能就是这种原因，可以用较浅部的土壤水分动态变化来对土壤参数进行识别。

采用自动和手动相结合的办法，通过对计算土壤含水量和实测土壤含水量的拟合程度分析，反复修改参数，当两者之间误差达到标准后，即认为此时的参数值代表含水层的参数。表示计算土壤含水量和实测含水量之间的误差的目标函数如下

$$E = \sum_{i=1}^{m}\sum_{j=1}^{n} W_j (\theta_{ij}^{e} - \theta_{ij}^{0})^2 \tag{5-24}$$

式中：m 为时段总数；n 为观测孔总数；W_j 为权系数；θ_{ij}^e 为 i 时刻第 j 个观测点的计算土壤含水量；θ_{ij}^0 为 i 时刻第 j 个观测点的实测土壤含水量。当目标函数 E “最小”时的参数值即为待求的参数。首先采用自动计算法进行，若计算不收敛或者自动反演所求参数明显存在误差，则进一步分析其原因，调整相关参数值，再次求取目标函数最小。如此反复计算、分析，直至求得满意结果为止。

由土壤水分特征曲线方程可知，由于负压值 h 相对较大，而α较小，在 0.05～0.20 之间，因此含水量的变化对α不敏感；而 n 为 h 的指数次幂，土壤含水量的变化对其最敏感；而残余含水量和饱和含水量的变化不大，根据实测的最小值和最大值分别对 Rosetta 经验值进行微调；因此在参数识别过程中主要对 n 进行识别，并适当调整α。

利用优选的参数对不同埋深的各试筒进行模拟，分析其降水入渗过程。

三、开封粉细砂中降水入渗过程模拟

(一)土壤水分动态分析

包气带土壤水分的变化直接反映了降水的入渗过程。图 5-2 分别为地下水位埋深 2 m 和 5 m 的降水前后土壤水分剖面形态。可以看出，降水后表层土壤含水量迅速增加，然后逐渐减小。2 m 埋深土柱中，1 m 以下的土壤含水量基本保持不变；5 m 埋深土柱中，表层土壤水分呈现先增加后减小的变化，1 m 附近变化较小；而 1.8 m 以下，土壤水层呈现持续减小趋势，根据实测入渗补给量，说明该段时间内土壤呈脱水趋势，土壤水分不断补给地下水。可见，粉细砂中的降水入渗补给主要以活塞式为主。

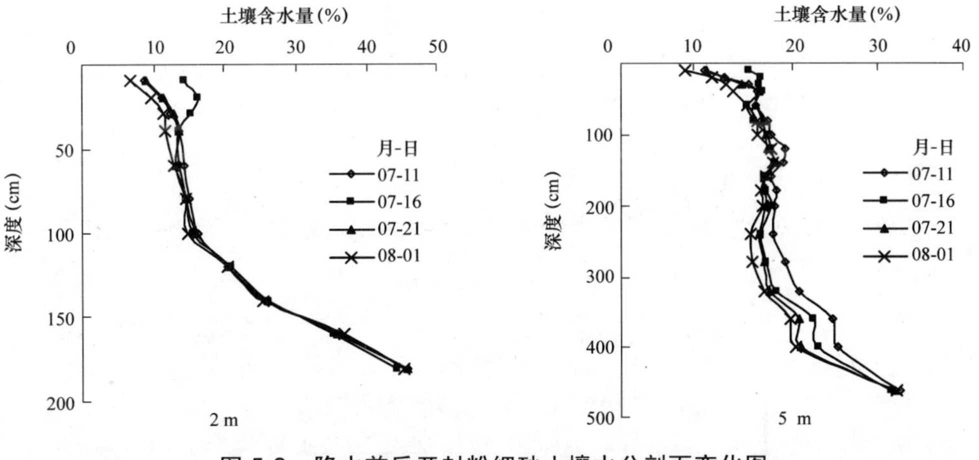

图 5-2　降水前后开封粉细砂土壤水分剖面变化图

图 5-3 为地下水位埋深为 7 m 的粉细砂不同埋深的土壤水分动态曲线，从中可以看出，埋深 1 m 以内的土壤含水量受降水、蒸发作用的影响比较强烈，土壤含水量变化幅度大；而 1 m 以下，土壤含水量变化幅度较小，仍呈现与浅部土壤含水量相同的变化趋势。

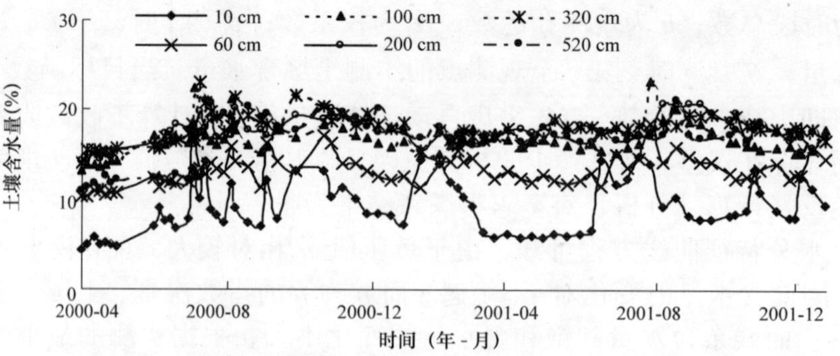

图 5-3　7 m 埋深粉细砂不同深度土壤水分动态变化曲线

(二)粉细砂中降水入渗补给模拟

首先利用地下水位埋深 2 m 的粉细砂试筒来对粉细砂的参数进行识别。利用埋深为 30 cm、60 cm 和 100 cm 处的实测含水量值来对土壤水力参数进行识别。表 5-4 为经过参数识别后的土壤水力参数。图 5-4 为计算含水量与实测含水量的对比曲线，由

表 5-4　参数识别后的各试筒中土的水力参数值

岩性	θ_r	θ_s	α	n	m	K_s(cm/d)
开封粉细砂	0.035 0	0.491 5	0.047 7	1.813 1	0.448 5	700

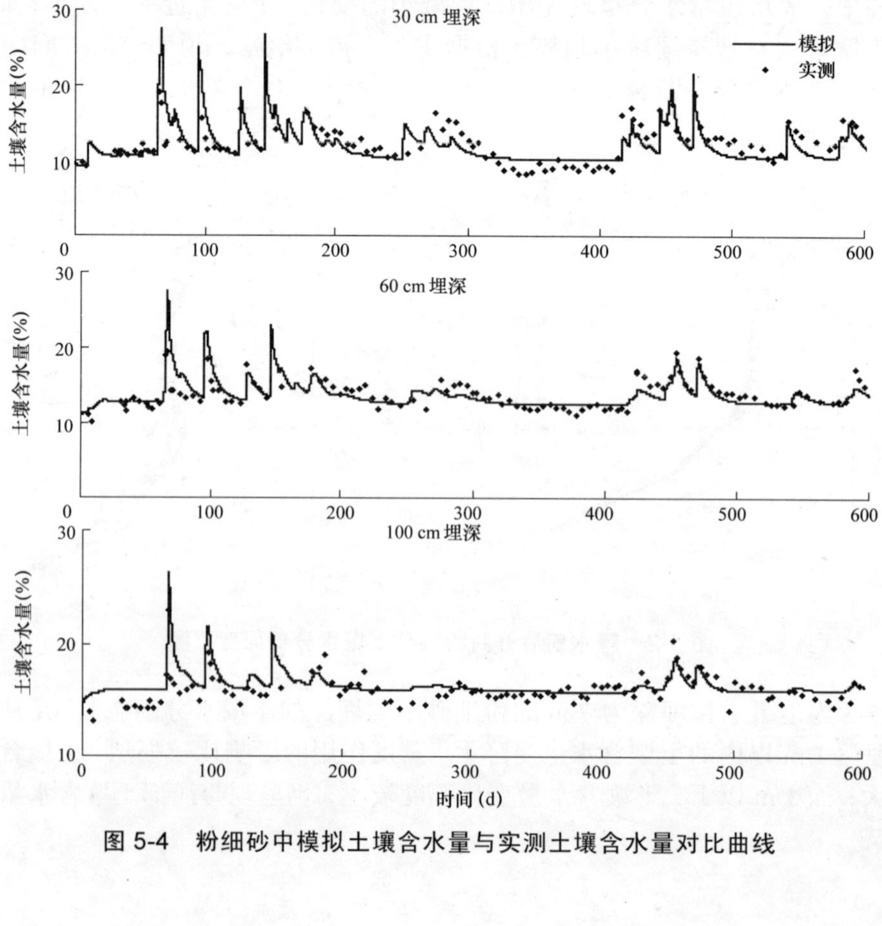

图 5-4　粉细砂中模拟土壤含水量与实测土壤含水量对比曲线

图 5-4 可以看出，利用识别后的参数计算的土壤含水量与实测含水量基本吻合，说明所用参数比较符合实际。

图 5-5 为模拟的底边界流量与实测入渗补给量对比图。由图 5-5 可以看出，模拟入渗流量的动态变化与实测入渗流量的变化基本一致，但是在降水后的一段时间内，实测入渗补给量大于模拟入渗流量，说明粉细砂中可能存在优先流。

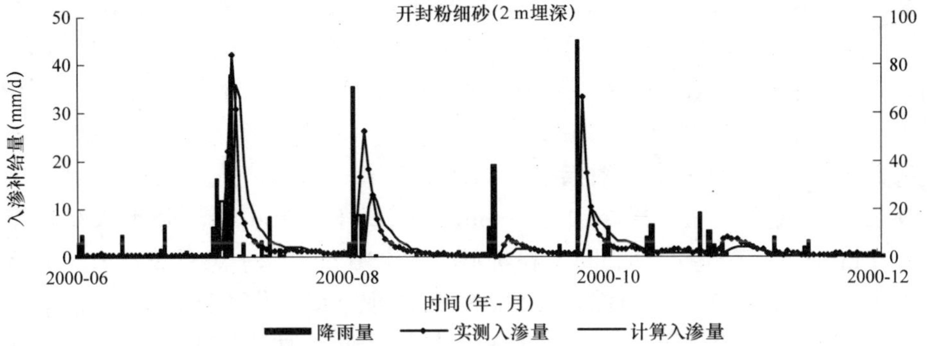

图 5-5　粉细砂 2 m 模拟底面流量与实测入渗量对比曲线

(三)粉细砂中优先流的判断与确定

优先流是指土壤在整个入渗边界上接受补给时，但水分和溶质绕过土壤基质，只通过少部分土体的快速运移。优先流主要表现有大孔隙流、绕流、漏斗流、指状流、沟槽流等。由于土壤中存在许多大孔隙，水及溶质优先通过这些通道形成的大孔隙流是优先流的重要组成部分。而活塞式流动是指在重力和土壤基质吸力的作用下，入渗水的湿锋面整体向下推进。优先流的滞后时间短，初期入渗流量大，峰值入渗流量大，峰值后入渗流量衰减速率快，入渗过程短，总入渗量大；而活塞式入渗滞后时间长，峰值入渗流量较小，峰值后入渗流量衰减速率慢，整个入渗过程时间长，总入渗量比优先流小。本次研究开始时就设想通过降水入渗过程的系统分析和模拟研究，来分离各种岩性入渗补给量中活塞流和优先流的量。具体方法是：通过建立一维非饱和水分运移模拟模型来描述土壤水分的垂向运移规律。选取均质无大孔隙的岩性参数，则数值模拟是活塞式入渗问题的解。用该模型计算的入渗量为活塞式入渗量。实际入渗补给量高出理论计算值的量，可以认为是优先流的入渗补给量。分离优先流的方法如图 5-6 所示，图中阴影部分为先于活塞式入渗补给的量，可认为是优先流的量。

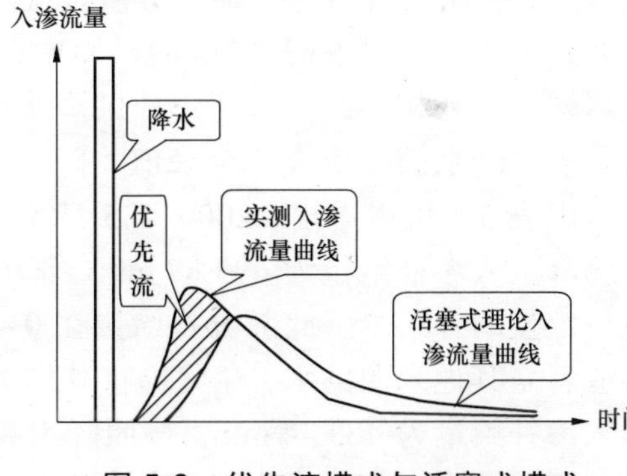

图 5-6　优先流模式与活塞式模式入渗曲线对比

一维非饱和水分运移控制方程(5-1)描述了土壤水分的垂向活塞式运移规律。数值模拟是方程(5-1)的近似解，若忽略计算误差，则可认为是理论解。因此，只要知道均质岩性的水力参数，通过数值模拟计算的理论值与实际实测值的对比，即可以判断是否存在优先流，并能确定优先流的量。

为分析粉细砂的降水入渗速率，利用 KNO_3 进行人工模拟降水入渗试验的资料。从 1989 年 8 月 23 日开始，陆续 8 次以 3%KNO_3 溶液，人工模拟 30 mm、100 mm、200 mm、250 mm 降水(每次用 1 ~ 2 h 将降水注入试筒)，分别注入粉细砂 1 m、3 m、5 m、7 m 四个水位埋深四组原状土试筒内，然后在地下室，通过地中渗透仪在相应水位埋深处，日夜连续加密观测 KNO_3 溶液入渗量，每隔半小时取样检测 K^+、NO_3^- 离子含量。在 1 m、3 m、5 m、7 m 水位埋深处，分别滞后不同时间均见到 KNO_3 溶液入渗，同时检测出 K^+、NO_3^- 离子。其中 1989 年 11 月 2 日 9 时 30 分对 3 m 水位埋深粉细砂进行 200 mm 人工降水入渗试验，在地下室 3 m 埋深处滞后 35 h 就见到清水，而且检测到 K^+、NO_3^- 离子，再滞后 3 h，K^+峰就超前于水，入渗峰值明显出现，水入渗峰值滞后于 K^+峰 5 h。在降水 200 mm 的情况下，3 m 埋深降水入渗速率约为 2.06 m/d。7 m 地下水位埋深处，同是粉细砂，在 250 mm 降水条件下，人工降水 98 h 20 min 后才见到 KNO_3 溶液，再滞后 10 h，K^+峰出现，水入渗峰值滞后于 K^+峰 39 h 30 min。在降水 250 mm 的情况下，7 m 埋深降水入渗速率为 1.71 m/d。

根据 USEPA(United States Environmental Protection Agency)的 UNSODA 非饱和土壤水力参数数据库设定土壤分类标准和开封粉细砂的颗粒组成以及中国土壤类型定名标准，从 USEPA 数据库中挑选与开封粉细砂土壤颗粒组成类似的样(编号为 4480)，利用其水分参数对 2 m 粉细砂试筒中的土壤水分运移进行模拟，模拟的入渗流量与实测入渗对比曲线见图 5-7。图 5-7 中实测入渗补给量与模拟入渗补给量的关系与图 5-5 基本一致，说明开封粉细砂中仍存在有优先流现象。

根据人工降水入渗试验资料，3 m 埋深降水 200 mm 时的降水入渗速率约为 206 cm/d，降水 250 mm 的峰值入渗速率约为 455 cm/d，利用土壤含水量识别的饱和渗透系数为 700 cm/d 比较合理。按照图 5-6 所示方法，分别计算地下水位埋深为 2 m 的粉细砂中各次降水优先流的量见表 5-5。

利用 2 m 试筒识别的参数，分别对 3 m、5 m 和 7 m 试筒进行模拟，图 5-7 为模拟入渗补给量与实测值对比曲线。由图 5-7 可以看出，随着地下水位埋深的增加，降水入渗补给的滞后和延迟不断延长。7 m 埋深试筒中，各次降水的入渗过程已经叠加成一体，利用实测值已经很难分清单次降水的入渗过程。由模拟曲线可以看出，对于活塞式入渗，埋深 5 m、7 m 的试筒中，入渗补给流量的变化缓慢，对降水脉冲的响应迟缓，往往相邻的多次所形成的降水簇才形成一个入渗峰值；在 7 m 埋深试筒中，就是多次降水簇才形成一个峰值，降水入渗呈现年际变化规律。

由表 5-5 可以看出，2000 年 5 月 1 日 ~ 2001 年 12 月 31 日 609 d 内，2 m 试筒中实测降水入渗补给量为 693.87 mm，其中部分时段尽管连续很长时间没有降水，仍存在一定量的补给量，此部分补给量在 0 ~ 0.5 mm/d，这可能是由于凝结水等的入渗补给或者是其他来源的水，在此仍将其作为降水入渗补给的一部分。该段时间的模拟降水入渗补给量为 463.44 mm。按照降水顺序依次分析各次降水的优先流，对于不能分次的则计算降水簇的优先流部分，对于降水量较小，且不成簇，几乎不存在优先流，实测降水入渗补给流量一般略大于模拟入渗补给流量，这可能是由计算误差造成的，

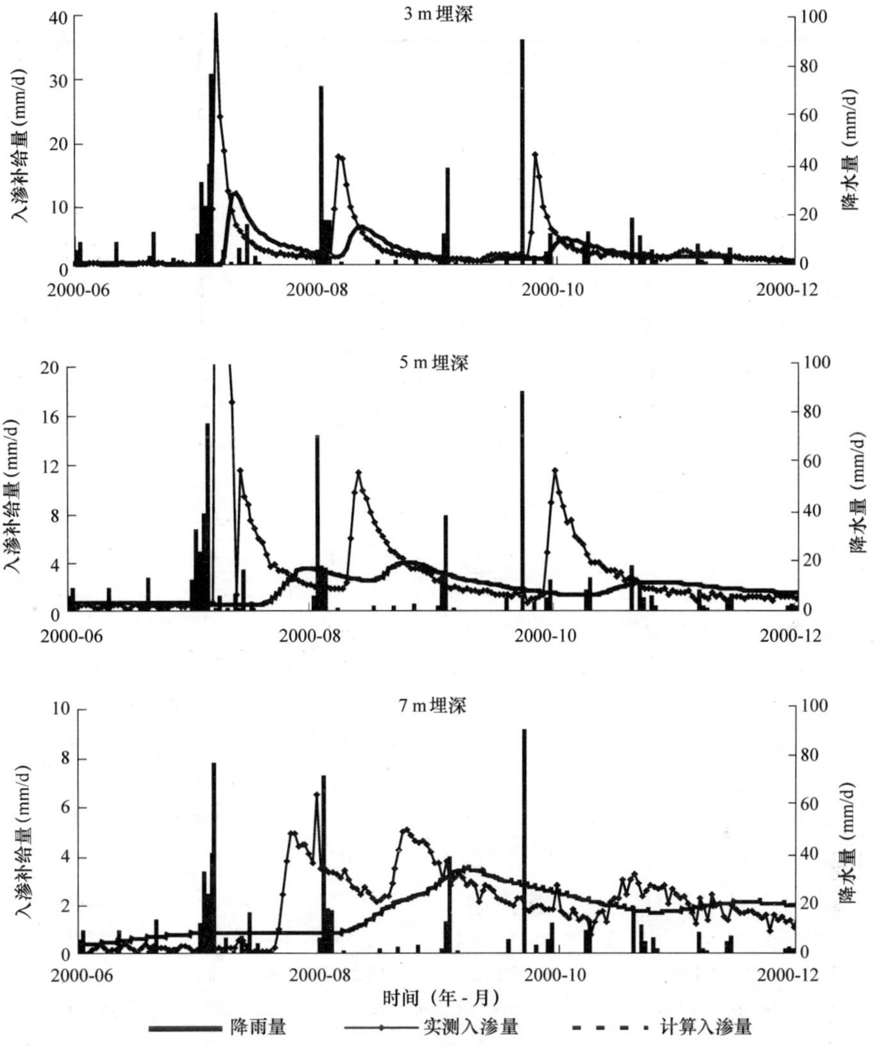

图 5-7 不同埋深开封粉细砂模拟入渗流量与实测流量对比图

在此不计入优先流的量。统计得出以优先流的形式补给地下水的量约为 228.48 mm，约占总降水入渗补给量的 32.93%。

按照与 2 m 试筒相同方法分析 3 m、5 m 和 7 m 试筒中降水入渗补给中的优先流的量。模拟期内，3 m 试筒中实测降水入渗补给量为 726.49 mm，期间模拟降水入渗补给量为 465.73 mm，其中以优先流的形式补给地下水的量约为 259.72 mm，约占总降水入渗补给量的 35.75%。5 m 试筒中的监测数据明显存在问题(模拟期内总降水量为 1 103.6 mm，而 5 m 试筒内实测入渗补给量为 1 061.99 mm，实测入渗补给量明显偏大)，在此不对其进行分析。7 m 试筒中实测降水入渗补给量为 600.19 mm，该段时间的模拟降水入渗补给量为 534.35 mm，其中以优先流的形式补给地下水的量约为 118.32 mm，约占总降水入渗补给量的 19.71%。

表 5-5　不同埋深开封粉细砂中优先流量

埋深 (m)	时　段 (年-月-日)	降水量 (mm)	入渗补给量(mm)		优先流 (mm)	比例 (%)
			实测值	模拟		
2	2000-05-01 ~ 06-01	33.50	24.92	0.00	16.40	65.81
	2000-06-02 ~ 07-02	43.80	13.06	0.00	0.00	0.00
	2000-07-03 ~ 08-02	220.10	148.07	155.04	63.59	42.95
	2000-08-03 ~ 09-02	118.90	113.02	82.14	47.63	42.14
	2000-09-03 ~ 09-23	58.00	29.44	16.55	8.94	30.37
	2000-09-24 ~ 10-21	131.50	106.94	78.81	45.43	42.48
	2000-10-22 ~ 11-14	52.40	41.45	24.56	11.15	26.90
	2000-11-15 ~ 12-31	17.60	17.33	3.14	0.00	0.00
	2001-01-01 ~ 05-31	76.00	45.64	14.34	0.00	0.00
	2001-06-01 ~ 06-30	66.60	2.44	0.00	0.00	0.00
	2001-07-01 ~ 09-04	188.70	128.95	76.97	35.34	27.41
	2001-09-05 ~ 12-31	96.50	22.61	11.89	0.00	0.00
	总　计	1 103.60	693.87	463.44	228.48	32.93
3	2000-05-01 ~ 07-02	77.30	10.60	7.98	0.00	0.00
	2000-07-03 ~ 08-02	220.10	166.31	118.45	95.15	57.21
	2000-08-03 ~ 09-02	118.90	126.92	91.56	54.21	42.71
	2000-09-03 ~ 09-23	58.00	23.16	19.06	2.56	11.05
	2000-09-24 ~ 10-21	131.50	109.94	68.90	51.81	47.13
	2000-10-22 ~ 11-14	52.40	35.97	32.99	1.82	5.06
	2000-11-15 ~ 12-31	17.60	35.03	27.90	0.00	0.00
	2001-01-01 ~ 05-31	76.00	57.78	22.37	0.00	0.00
	2001-06-01 ~ 06-30	66.60	9.39	0.02	0.00	0.00
	2001-07-01 ~ 09-04	188.70	112.02	40.13	54.17	48.36
	2001-09-05 ~ 12-31	96.50	39.37	36.37	0.00	0.00
	总　计	1 103.60	726.49	465.73	259.72	35.75
7	2000-05-01 ~ 07-24	297.40	21.34	42.38	0.00	0.00
	2000-07-25 ~ 09-02	118.90	144.14	58.04	79.41	55.09
	2000-09-03 ~ 10-17	189.50	94.80	120.61	0.00	0.00
	2000-10-18 ~ 11-05	41.30	48.43	32.76	12.00	24.78
	2000-11-06 ~ 12-31	28.70	78.71	101.43	0.00	0.00
	2001-01-01 ~ 12-31	427.80	212.77	179.13	26.91	12.65
	总　计	1 103.60	600.19	534.35	118.32	19.71

根据图 5-7 和表 5-5 可以看出，随着埋深的增大，优先流量有减小的趋势，随着埋深的增大，优先流形成的峰值滞后时间逐渐增长，说明在开封粉细砂中，大孔隙主要分布在浅部，并没有形成整体贯通的大孔隙网络，降水入渗后，水分沿表层的大孔隙迅速下移，并在某一深度聚集(即大孔隙消失处)，然后以活塞式入渗，这也是各试筒下部土壤含水量比模拟值大，而且变化较小的原因。

四、新乡轻亚砂土中降水入渗过程模拟

(一)土壤水分动态分析

绘制降水后不同地下水位埋深土壤水分剖面变化曲线见图 5-8，7 m 地下水位埋深不同深度土壤水分的动态历时曲线见图 5-9。由图 5-8 和图 5-9 可以看出，新乡轻亚砂土中土壤含水量较高，降水后浅部土壤水分呈现先增加后逐渐减小的趋势；埋深超过 1 m 后，土壤水分变化幅度变小，而且变化频率较小，但是土壤含水量随降水的变化趋势还是比较明显的。

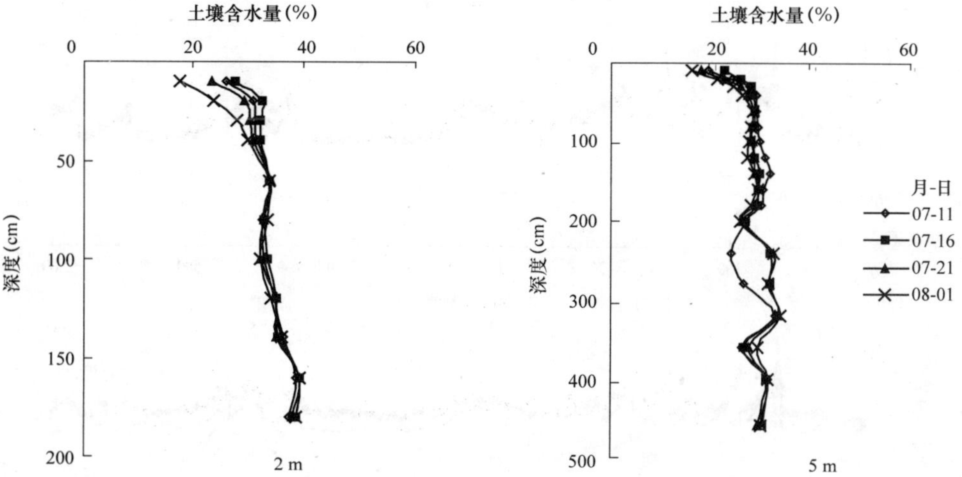

图 5-8　降水前后新乡轻亚砂土中土壤水分剖面变化

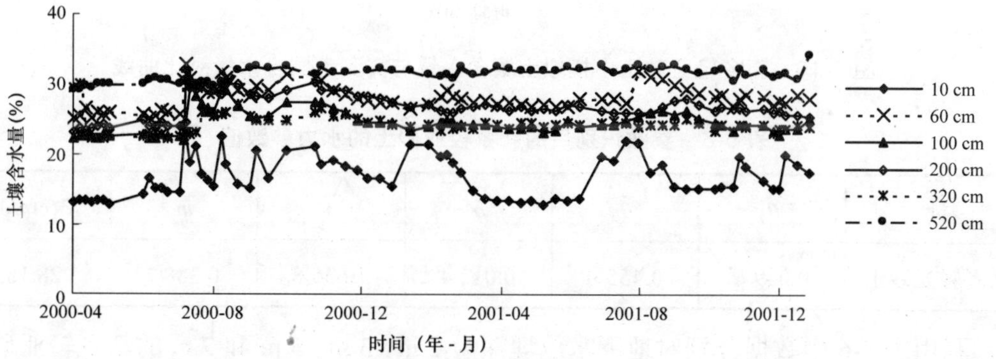

图 5-9　7 m 新乡轻亚砂土不同埋深土壤水分动态变化曲线

(二)降水入渗过程模拟

由图 5-8 和图 5-9 可以看出，新乡轻亚砂土中中子仪监测数据有些集中，特别是深部土壤含水量几乎不变，在此仅采用浅部的及各观测点的土壤含水量数据，结合 Rosetta 经验参数(其值与 USEPA 数据库中样本 2530 参数基本一致)对参数进行识别，其中持水度和饱和含水量采用实测最小值和实测最大值确定。

实测浅层土壤含水量与拟合土壤含水量对比曲线见图 5-10，识别后的参数见表 5-6。

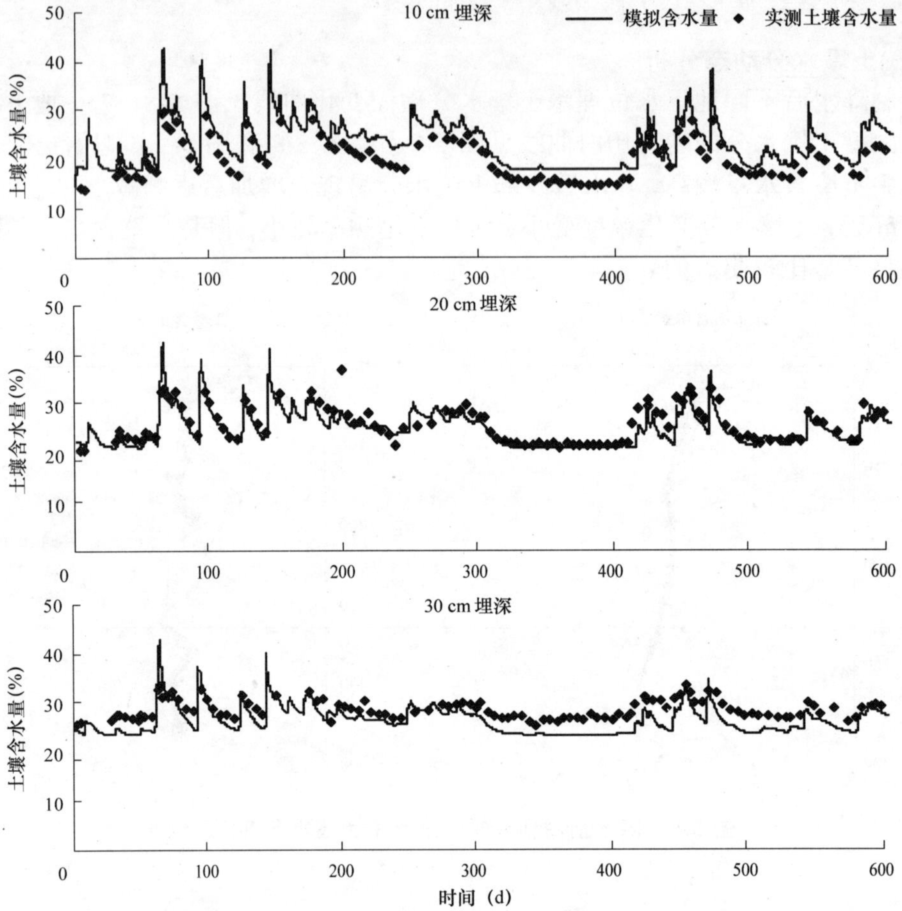

图 5-10　新乡轻亚砂土中模拟土壤含水量与实测土壤含水量对比曲线

表 5-6　参数识别后的新乡轻亚砂土的水力参数值

岩性	θ_r	θ_s	α	n	m	K_s(cm/d)
新乡轻亚砂土	0.049 6	0.455 0	0.012 4	1.635 8	0.388 7	28.15

利用表 5-6 中数据分别对地下水位埋深为 2 m、3 m、5 m 和 7 m 的新乡轻亚砂土中降水入渗补给过程进行模拟。各试筒中模拟的入渗补给量与实测入渗补给量的历时曲线见图 5-11。由图 5-11 可以看出，轻亚砂土中也存在优先流。按照图 5-6 所示的方法对各试筒中优先流部分进行计算，并分时段进行统计(见表 5-7)。

由表 5-7 和图 5-11 可以看出，2 m 埋深试筒中，优先流的量比较大，约占总补给量的 46.19%，随着地下水位埋深的增加，优先流所占比例逐渐减小，3 m、5 m、7 m 试筒中优先流所占比例分别为 40.91%、34.13%和 11.72%(7 m 试筒中 2000 年监测数据明显偏小，在此采用 2001 年数据)。

表 5-7　不同埋深新乡轻亚砂土中优先流量

埋深 (m)	时段 (年-月-日)	降水量 (mm)	入渗补给量(mm)		优先流 (mm)	比例 (%)
			实测值	模拟		
2	2000-05-01 ~ 06-01	33.50	0.24	0.00	0.00	0.00
	2000-06-02 ~ 07-02	43.80	0.29	0.00	0.00	0.00
	2000-07-03 ~ 08-02	220.10	121.35	134.71	53.19	43.83
	2000-08-03 ~ 09-02	118.90	87.14	56.20	35.18	40.37
	2000-09-03 ~ 09-23	58.00	15.94	5.30	10.59	66.44
	2000-09-24 ~ 10-21	131.50	93.20	65.56	32.47	34.84
	2000-10-22 ~ 11-14	52.40	32.78	20.89	11.97	36.52
	2000-11-15 ~ 12-31	17.60	7.70	0.06	7.57	98.31
	2001-01-01 ~ 05-31	76.00	31.51	12.94	23.93	75.94
	2001-06-01 ~ 06-30	66.60	0.24	0.00	0.00	0.00
	2001-07-01 ~ 09-04	188.70	44.63	35.27	15.98	35.81
	2001-09-05 ~ 12-31	96.50	24.15	2.94	21.21	87.83
	总　计	1103.60	459.17	333.87	212.09	46.19
3	2000-05-01 ~ 07-02	77.30	0.27	5.14	0.00	0.00
	2000-07-03 ~ 08-02	220.10	62.92	89.09	18.75	29.80
	2000-08-03 ~ 09-02	118.90	79.83	65.14	24.00	30.06
	2000-09-03 ~ 09-23	58.00	15.90	9.07	7.19	45.22
	2000-09-24 ~ 10-21	131.50	66.09	41.44	24.75	37.45
	2000-10-22 ~ 11-14	52.40	38.95	30.98	8.30	21.31
	2000-11-15 ~ 12-31	17.60	27.73	11.79	15.94	57.48
	2001-01-01 ~ 05-31	76.00	33.75	0.00	33.75	100.00
	2001-06-01 ~ 06-30	66.60	0.08	0.00	0.08	100.00
	2001-07-01 ~ 09-04	188.70	23.26	17.02	6.66	28.63
	2001-09-05 ~ 12-31	96.50	10.81	2.54	7.70	71.23
	总　计	1 103.60	359.59	272.21	147.12	40.91
5	2000-05-01 ~ 07-02	77.30	15.88	23.83	0.00	0.00
	2000-07-03 ~ 08-02	220.10	25.39	13.28	13.04	51.36
	2000-08-03 ~ 09-02	118.90	69.90	46.54	23.48	33.59
	2000-09-03 ~ 09-23	58.00	32.00	38.82	0.00	0.00
	2000-09-24 ~ 10-21	131.50	47.30	36.37	12.40	26.21
	2000-10-22 ~ 11-14	52.40	42.58	33.35	9.22	21.66
	2000-11-15 ~ 12-31	17.60	52.80	56.09	0.83	1.57
	2001-01-01 ~ 05-31	76.00	75.38	55.81	20.14	26.72
	2001-06-01 ~ 06-30	66.60	11.57	3.13	8.44	72.95
	2001-07-01 ~ 09-04	188.70	35.74	2.48	33.26	93.06
	2001-09-05 ~ 12-31	96.50	48.55	13.36	35.19	72.48
	总　计	1 103.60	457.09	323.06	156.00	34.13
7	2000-05-01 ~ 07-24	297.40	5.19	80.98	0.00	0.00
	2000-07-25 ~ 09-02	118.90	5.24	39.64	0.00	0.00
	2000-09-03 ~ 10-17	189.50	32.72	67.38	0.00	0.00
	2000-10-18 ~ 11-05	41.30	22.03	28.56	0.00	0.00
	2000-11-06 ~ 12-31	28.70	69.78	78.08	0.00	0.00
	2001-01-01 ~ 12-31	427.80	199.32	185.87	39.17	19.65
	总　计	1 103.60	334.28	480.50	39.17	11.72

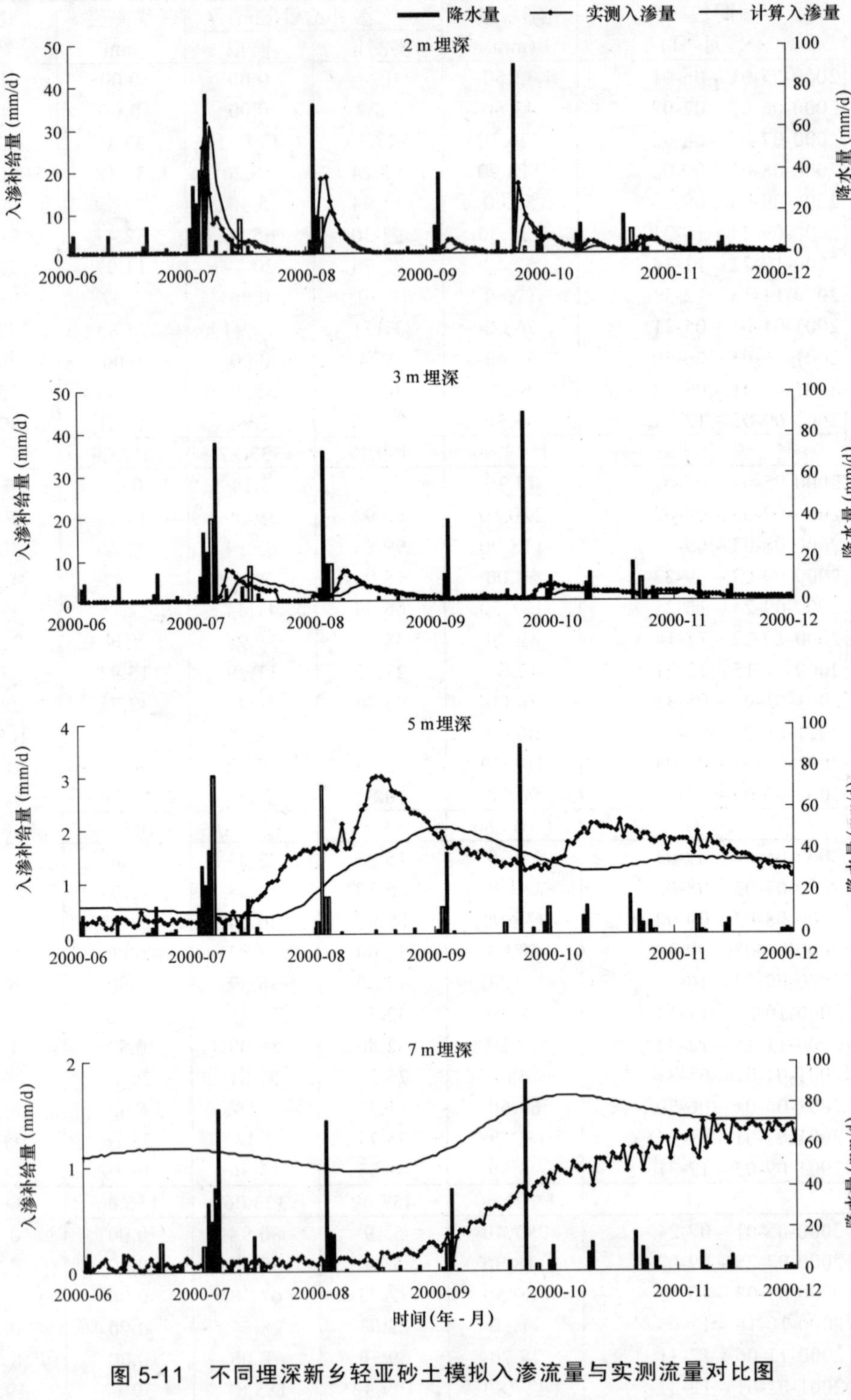

图 5-11　不同埋深新乡轻亚砂土模拟入渗流量与实测流量对比图

五、驻马店亚粘土中降水入渗过程模拟

(一)土壤水分动态分析

绘制降水后不同地下水位埋深土壤水分剖面变化曲线见图 5-12，7 m 地下水位埋深不同深度土壤水分的动态历时曲线图见图 5-13。由图 5-12 和图 5-13 可以看出，驻马店亚粘土中土壤含水量较高，降水后浅部土壤水分基本不变，而且除表层土壤水分变化较大外，60 cm 以下土壤水分基本保持不变。说明亚粘土中存在大量的大孔隙或裂隙，降水入渗补给以优先流为主。

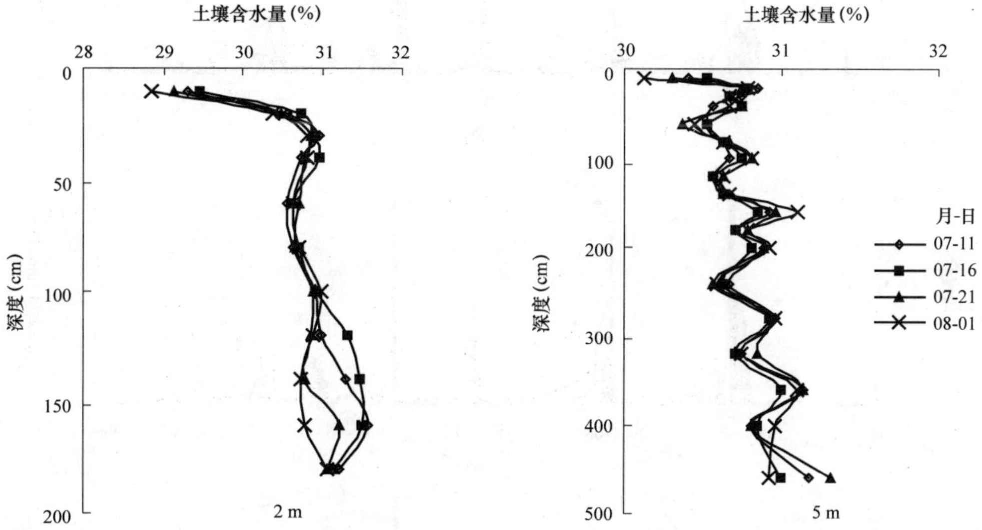

图 5-12　降水前后驻马店亚粘土中土壤水分剖面变化曲线

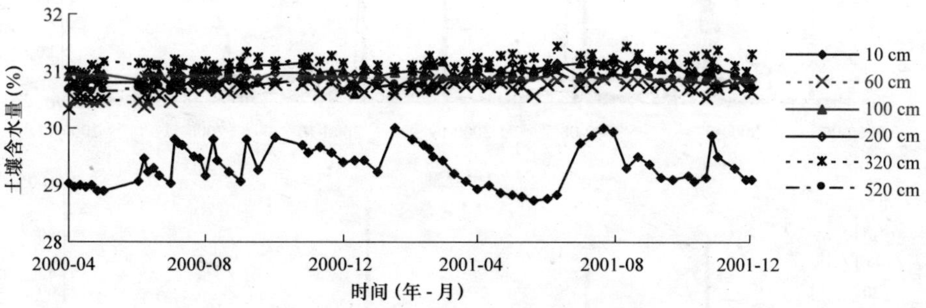

图 5-13　7 m 驻马店亚粘土不同埋深土壤水分动态变化曲线

(二)降水入渗过程模拟

由图 5-12 和图 5-13 可以看出，驻马店亚粘土中中子仪监测数据集中，特别是深部土壤含水量几乎不变，在此直接采用 Rosetta 经验参数(其值与 USEPA 数据库中样本 4450 参数相近)对其降水入渗过程进行模拟。

分别对 2 m、3 m、5 m 和 7 m 驻马店亚粘土试筒中的降水入渗补给过程进行模

拟，实测入渗补给量与模拟入渗补给量的历时曲线见图 5-14。并根据图 5-6 所示方法计算不同埋深情况下的亚粘土中优先流量(见表 5-8)。由图 5-14 和表 5-8 可以看出，

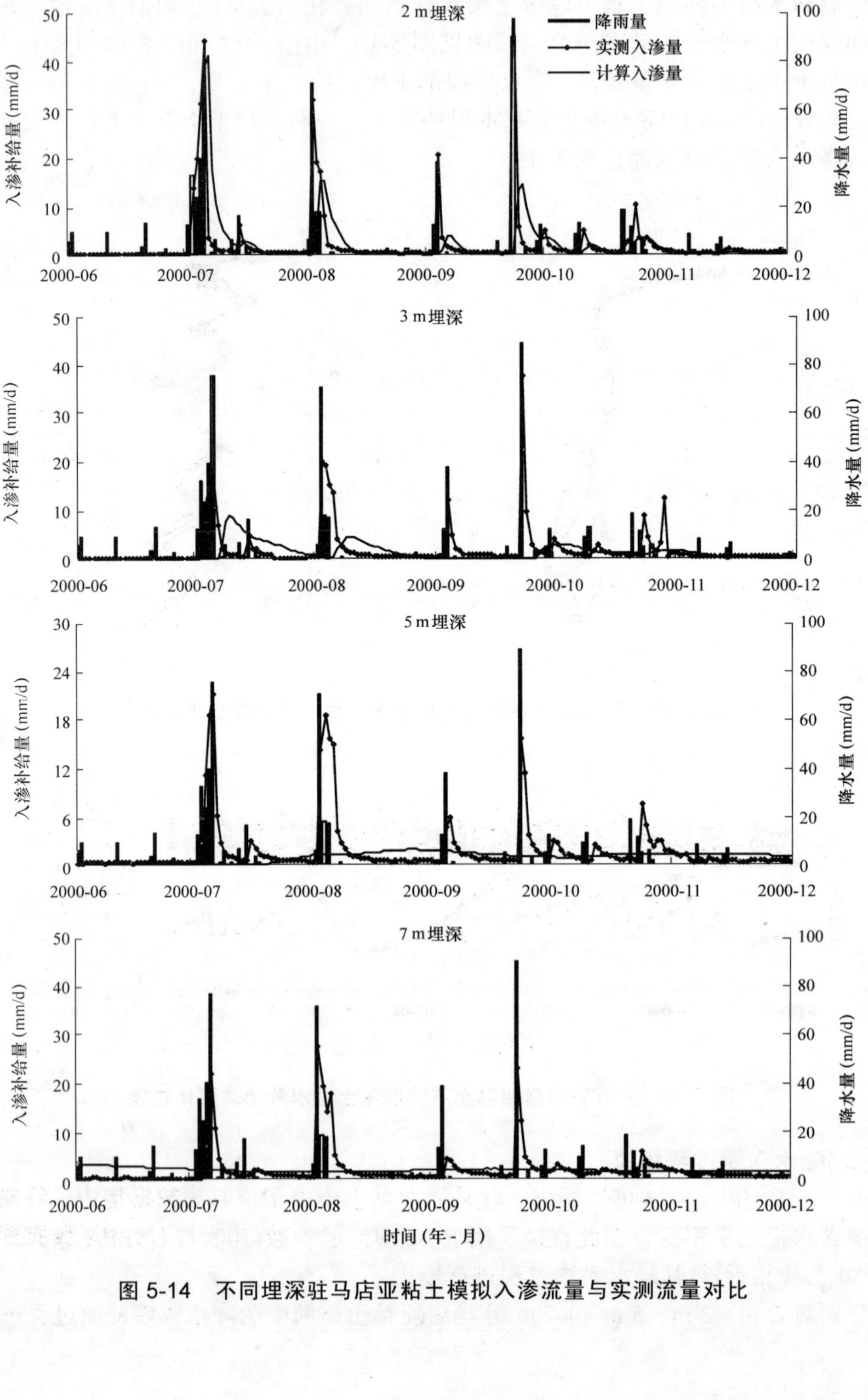

图 5-14　不同埋深驻马店亚粘土模拟入渗流量与实测流量对比

表 5-8　不同埋深驻马店亚粘土中优先流量

埋深(m)	时段(年-月-日)	降水量(mm)	入渗补给量(mm)		优先流(mm)	比例(%)
			实测值	模拟		
2	2000-05-01 ~ 06-01	33.50	5.41	0.00	5.27	97.41
	2000-06-02 ~ 07-02	43.80	2.01	0.00	2.01	100.00
	2000-07-03 ~ 08-02	220.10	135.28	145.89	73.74	54.51
	2000-08-03 ~ 09-02	118.90	88.66	67.53	53.23	60.04
	2000-09-03 ~ 09-23	58.00	32.58	14.69	26.61	81.68
	2000-09-24 ~ 10-21	131.50	94.43	77.09	65.62	69.49
	2000-10-22 ~ 11-14	52.40	35.33	22.81	15.81	44.75
	2000-11-15 ~ 12-31	17.60	11.22	0.80	10.38	92.51
	2001-01-01 ~ 05-31	76.00	38.07	22.32	31.65	83.14
	2001-06-01 ~ 06-30	66.60	5.16	0.00	5.16	100.00
	2001-07-01 ~ 09-04	188.70	95.90	47.73	71.07	74.11
	2001-09-05 ~ 12-31	96.50	20.93	15.39	12.48	59.63
	总　计	1 103.60	564.98	414.25	373.03	66.03
3	2000-05-01 ~ 07-02	77.30	4.57	0.00	4.57	100.00
	2000-07-03 ~ 08-02	220.10	76.45	94.02	56.97	74.52
	2000-08-03 ~ 09-02	118.90	90.19	49.87	70.91	78.62
	2000-09-03 ~ 09-23	58.00	30.39	1.16	29.23	96.18
	2000-09-24 ~ 10-21	131.50	82.36	45.91	55.31	67.15
	2000-10-22 ~ 11-14	52.40	45.62	25.94	27.02	59.24
	2000-11-15 ~ 12-31	17.60	12.52	2.67	10.00	79.87
	2001-01-01 ~ 05-31	76.00	30.43	1.45	28.98	95.24
	2001-06-01 ~ 06-30	66.60	9.03	0.00	9.03	100.00
	2001-07-01 ~ 09-04	188.70	92.87	11.91	82.36	88.68
	2001-09-05 ~ 12-31	96.50	21.68	0.00	21.68	100.00
	总　计	1 103.60	496.11	232.92	396.06	79.83
5	2000-05-01 ~ 07-02	77.30	11.48	0.00	11.48	100.00
	2000-07-03 ~ 08-02	220.10	79.80	8.04	75.07	94.07
	2000-08-03 ~ 09-02	118.90	85.20	46.94	63.66	74.72
	2000-09-03 ~ 09-23	58.00	24.93	28.16	8.55	34.30
	2000-09-24 ~ 10-21	131.50	62.66	26.27	38.99	62.23
	2000-10-22 ~ 11-14	52.40	37.53	29.41	17.02	45.36
	2000-11-15 ~ 12-31	17.60	16.45	41.94	0.00	0.00
	2001-01-01 ~ 05-31	76.00	52.24	16.39	40.73	77.97
	2001-06-01 ~ 06-30	66.60	12.81	0.00	12.81	100.00
	2001-07-01 ~ 09-04	188.70	102.40	0.00	102.40	100.00
	2001-09-05 ~ 12-31	96.50	35.57	0.32	35.57	100.00
	总　计	1 103.60	521.07	197.46	406.28	77.97
7	2000-05-01 ~ 07-24	297.40	78.85	202.32	44.50	56.44
	2000-07-25 ~ 09-02	118.90	110.41	59.10	79.31	71.83
	2000-09-03 ~ 10-17	189.50	101.30	85.70	37.01	36.54
	2000-10-18 ~ 11-05	41.30	38.76	28.86	13.20	34.06
	2000-11-06 ~ 12-31	28.70	31.84	78.59	0.00	0.00
	2001-01-01 ~ 12-31	427.80	187.37	162.43	79.21	42.27
	总　计	1 103.60	548.53	617.00	253.23	46.17

驻马店亚粘土中优势流明显，地下水位埋深较浅时，优势流几乎占总入渗补给的 70%以上。而且，随着埋深的增大，优势流所占比例并无明显减小(其中 7 m 埋深计算入渗补给量偏大，可能是由于初始含水量太高和参数不准所致)，说明亚粘土中大孔隙或裂隙已经贯通。在雨季(7 月份)以前，尽管存在一定量的降水，但是实测入渗补给量很小，说明尽管大孔隙贯通，但是降水强度太小且不连续，几乎不形成优先流。在雨季(7 ~ 9 月)，降水强度大且持续时间长，部分降水以优先流的形式迅速补给地下水，部分降水则以活塞式慢慢入渗最终补给地下水。

第四节　小　结

通过对郑州均衡试验场内的开封粉细砂、新乡轻亚砂土和驻马店亚粘土中降水入渗过程的数值模拟，发现三种岩性中均存在较为明显的优先流现象。岩性不同优先流占的比例不同。建立的一维非饱和水分运移模拟模型描述了土壤水分的垂向运移规律，若采用均质无大孔隙的岩性参数，则数值模拟是活塞式入渗问题的近似解；若忽略计算误差，则可认为是理论解。用该模型计算的入渗量为活塞式入渗量。实际入渗补给量高出理论计算值的量，可以认为是优先流的入渗补给量。因此，只要知道岩性的水力参数，即可以判断是否存在优先流，并能确定优先流的量。

数值模拟的结果分析见图 5-15。开封粉细砂 2 m、3 m、7 m 埋深优先流的入渗

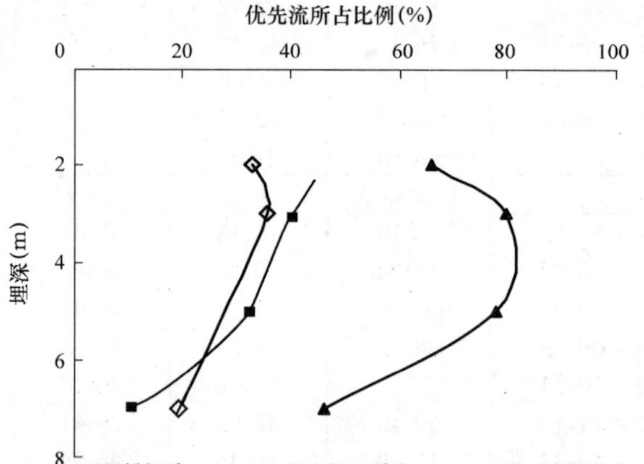

图 5-15　优先流所占比例分布

补给量占总入渗补给量的 32.93%、35.75%、19.71%。随着埋深的增大，优先流量有减小的趋势，而且随着埋深的增大，优先流形成的峰值滞后时间逐渐增长，说明在开封粉细砂中，大孔隙主要分布在浅部，并没有形成整体贯通的大孔隙网络，降水入渗后，水分沿表层的大孔隙迅速下移，并在某一深度聚集(即大孔隙消失处)，然后以活塞式入渗。新乡轻亚砂土在 2 m 埋深试筒中，优先流的量比较大，约占总入渗补给量的 46.19%，随着地下水位埋深的增加，优先流所占比例逐渐减小，3 m、5 m、7 m 试筒中优先流所占比例分别为 40.91%、34.13%和 11.72%。驻马店亚粘土中优势流明

显，2 m、3 m、5 m、7 m 试筒中优先流所占比例分别为 66.03%、79.83%、77.97%和 46.17% 。地下水位埋深较浅时，优势流几乎占总入渗补给量的 70%以上。除 7 m 埋深外，随着埋深的增大，优势流所占比例并无明显减小，说明亚粘土中大孔隙或裂隙已经贯通。在雨季(7 月份)以前，尽管存在一定量的降水，但是实测入渗补给量很小，说明尽管大孔隙贯通，但是降水强度太小且不连续，几乎不形成优先流。在雨季(7 ~ 9 月)，降水强度大且持续时间长，一部分降水以优先流的形式迅速补给地下水；而另一少部分降水则以活塞式慢慢入渗最终补给地下水。驻马店亚粘土中优先流所占比例最大，其次为新乡轻亚砂土，粉细砂的比例最小。对于活塞式入渗模式，随着埋深的增大，入渗补给流量对降水的响应逐渐迟缓，入渗流量趋于平缓。

第六章　结　论

本书在系统分析郑州均衡试验场地中渗透仪观测数据的基础上，分析了降水入渗补给的时间变化规律及其影响因素，利用系统响应分析技术和回归分析技术，建立了降水入渗补给函数。通过对开封粉细砂、新乡轻亚砂土和驻马店亚粘土三种岩性的降水入渗补给过程的数值模拟，分离了三种岩性中活塞流的量和优先流的量。得出如下主要结论：

(1)通过郑州均衡场内 7 种岩性的不同降水入渗补给过程的系统分析，发现活塞式和捷径式两种降水入渗补给模式同时存在。砂性土以活塞式入渗为主，地下水位埋藏较浅时，入渗过程线很陡，降水后入渗补给量迅速增大，然后迅速衰减，随着地下水位埋深增大，入渗过程线逐渐变缓，入渗补给流量的增加和衰减均变缓。降水后，浅部(1 m 埋深)立即构成对地下水的入渗补给。粘性土中由于大量孔隙或裂隙的存在，其入渗补给以优先流为主，滞后和延迟的时间大大缩短，即使地下水位埋深达 7 m，在降水量较大时，滞后期也小于 3 d，但是在枯季，降水强度小且不连续时，几乎不形成优先流。在该阶段滞留于土壤中的水分在重力作用下缓慢下移，以活塞式入渗补给地下水。

(2)各种岩性不同程度地都存在降水入渗补给滞后和延迟效应，滞后与延迟时间的长短主要与岩性、水位埋深、降水特性和土壤前期含水量有关。砂性土降水入渗补给的滞后和延迟时间随埋深加大逐渐延长；随着岩性颗粒变细，滞后和延迟时间也呈增加趋势。雨前土壤含水量越小，入渗补给滞后时间越长；在汛期连续降水，土壤含水量迅速增加，入渗补给滞后时间变短。亚粘土裂隙的存在，因降水后雨水从裂隙通道直接下渗，每一次降水都对应一个入渗过程，入渗补给滞后不明显或滞后延迟时间都很短。

(3)影响降水补给地下水的因素比较复杂。均衡试验场中不考虑地形和植被的影响，影响因素主要有降水量、降水特征、包气带岩性、地下水位埋深等。通过年和月降水入渗补给量与降水量关系分析，它们之间呈显著线性正相关，随着地下水位埋深增大，相关性减小，入渗补给量也减小。砂性土随着埋深的增大，降水入渗补给量呈现先减小后近于稳定的态势，降水入渗补给量随水位埋深的增加呈指数型递减。亚粘土存在明显的优先流，入渗补给量随地下水位埋深变化较小。如果降水间隔时间长，降水过于集中(暴雨)，降水强度超过地面入渗能力，从而部分降水量转化为地表径流，不利于入渗补给。年降水量过小时，由于降水量中相当一部分要补足包气带中的水分空缺，能补给地下水的有效降水量就很小，因此不超过地面入渗速率的连绵细雨最有利于地下水的补给。在相同的降水特征和水位埋深条件下，不同岩性的降水入渗补给量不同。就降水入渗补给量大小总体而言，开封粉细砂>驻马店亚粘土>许昌亚砂土>南阳亚粘土>安阳亚砂土夹薄层粘土和亚粘土。但是地下水位埋深不同，各岩性入渗补给量的大小顺序发生改变，地下水位埋深较浅时，降水入渗补给量大小变化为：开封粉细砂>许昌亚砂土>驻马店亚粘土>南阳亚粘土>安阳亚砂土夹薄层粘土和亚粘土。

(4)降水入渗补给量受当期及前期降水量、蒸发量、地下水位埋深等因素的影响。特别是随地下水位埋深的变化是非线性的，不能单单利用降水入渗系数和当期降水量的乘积来计算，而且降水入渗补给量存在明显的时间尺度效应。在综合分析降水与各种影响因素的关系基础上，提出了降水入渗补给函数的概念，并用该函数来表征降水入渗补给量与其他各因素之间的定量关系。采用系统响应分析技术，建立了不同岩性、不同埋深、不同时间尺度的降水入渗系统响应函数，该函数可以比较准确地计算相应岩性和地下水位埋深条件下不同降水特征的入渗补给量。

(5)在综合考虑多期降水、蒸发和地下水位埋深的基础上，建立了不同时间尺度上(年、月、日)的降水入渗回归模型，其中年、月降水入渗补给回归模型计算效果较好。年降水入渗补给量与年降水量成正比，而与地下水位埋深成反比。其中新乡轻亚粘土对地下水位埋深的敏感性最强，其次是开封粉细砂，而驻马店亚粘土最不敏感，说明驻马店亚粘土中降水入渗补给以捷径式为主。月降水入渗补给量主要受本月降水量以及前两个月的降水量影响，月降水入渗补给量受当月降水量影响的比例在58%～67%之间。月降水补给量与月蒸发量成负相关，其中前月蒸发量的影响大于当月蒸发量，这是由于前月蒸发量直接影响了当月初始土壤水分分布，从而当月滞留于包气带中的水分增加而减少了入渗补给量。降水入渗补给量随地下水位埋深增大而减小，其中黄土状亚砂土受地下水位埋深的影响最大，依次为亚砂土、轻亚砂土、亚粘土、亚砂土夹薄层亚粘土和粉细砂；驻马店亚粘土的入渗主要为捷径式，受地下水位埋深的影响较小。而日降水入渗回归的计算误差较大，主要是受降水入渗补给滞后延迟效应的影响。

(6)通过降水入渗过程的系统分析和模拟，分离了入渗补给量中活塞流和优先流的比例。具体的方法是：建立一维非饱和水分运移模拟模型来描述土壤水分的垂向运移规律；若采用均质无大孔隙的岩性参数，则数值模拟是活塞式入渗问题的近似解，若忽略计算误差，则可认为是理论解；用该模型计算的入渗量为活塞式入渗量；实际入渗补给量高出理论计算值的量，可以认为是优先流的入渗补给量。因此，只要知道岩性的水力参数，通过把数值模拟得到的理论值与实测值对比，即可以判断是否存在优先流，并能确定优先流的量。

(7)本次经过对郑州均衡试验场内的开封粉细砂、新乡轻亚砂土和驻马店亚粘土中降水入渗过程系统分析和数值模拟，发现各岩性试筒中均存在较为明显的优先流现象，岩性不同优先流占的比例不同。根据数值模拟的结果分析，开封粉细砂2 m、3 m、7 m埋深优先流的入渗补给量占总入渗补给量的32.93%、35.75%、19.71%。随着埋深的增大，优先流量所占比例逐渐减小，而且随着埋深的增大，优先流形成的峰值滞后时间逐渐增长，说明在开封粉细砂中，大孔隙主要分布在浅部，并没有形成整体贯通的大孔隙网络，降水入渗后，水分沿表层的大孔隙迅速下移，并在某一深度聚集(即大孔隙消失处)，然后以活塞式入渗。新乡轻亚砂土在2 m埋深试筒中，优先流的量比较大，约占总入渗补给量的 46.19%，随着地下水位埋深的增加，优先流所占比例逐渐减小，3 m、5 m、7 m 试筒中优先流所占比例分别为 40.91%、34.13%和 19.65% 。驻马店亚粘土中优先流明显，2 m、3 m、5 m、7 m 试筒中优先流所占比例分别为 66.03%、79.83%、77.97%和 46.17%。地下水位埋深较浅时，优先流几乎占到总入渗补给量的 70%以上。而且，随着埋深的增大，优先流所占比例并无明显减小，说明亚粘土中大孔隙或裂隙已经贯通。在雨季(7 月份)以前，尽管存在一定量的降水，但是实测入渗补给量很小，说明尽管大孔隙贯通，但是降水强度太小且不连续，几乎不形成优先流。在雨季(7 ~ 9 月)，降水强度大且持续时间长，一部分降水以优先流的形式迅速补给地下水，而另一少部分降水则以活塞式慢慢入渗最终补给地下水。驻马店亚粘土中优先流所占比例最大，其次为新乡轻亚砂土，粉细砂的比例最小。随着埋深的增大，渗透途径增长，优先流所占比例逐渐减小。对于活塞式入渗模式，随着埋深的增大，入渗补给流量对降水的响应逐渐迟缓，入渗量过程线趋于平缓。

参考文献

[1] 王大纯，张人权．水文地质学基础[M]．北京：地质出版社，1995.

[2] 靳孟贵，张人权，等．农业—水资源—环境相互协调的可持续发展[M]．武汉：中国地质大学出版社，1999.

[3] 张蔚榛，等．地下水与土壤水动力学[M]．北京:中国水利水电出版社，1996.

[4] Eloise Kendy，Pierre G′erard-Marchant，M. Todd Walter，et al. A soil- water-balance approach to quantify roundwater recharge from irrigated cropland in the North China Plain [J]. HYDROLOGICAL PROCESSES，17, 2011 ~ 2031 (2003).

[5] Gary C，Heathman，Patrick J. Starks，et al. Assimilation of surface soil moisture to estimate profile soil water content[J]. Journal of Hydrology，279 (2003)：1 ~ 17.

[6] 雷志栋，杨诗秀，谢森传．田间土壤水量平衡与定位通量法的应用[J]．水利学报，1988(5):1 ~ 7.

[7] 周金龙，姚斐．应用定位通量法计算某区潜水垂向入渗补给量的适宜性分析[J]．勘察科学技术，1998(2)：11 ~ 12.

[8] 邱景唐．非饱和土壤水零通量面的研究[J]．水利学报，1992，5：27 ~ 32.

[9] Aboukhaled A.，A A lfaro，M Smith Lysimeters. Food and Agriculture Organization of the United Nations[J]. F A O Irrigation and Drainage Paper，1981，39.

[10] A D Schneider，T A Howell，Marek T H，et al. Design and construction of large weighing monolithic lysimeters[J]. TRANSCTIONS of the ASAE.1988，31(2).

[11] 李宝庆，赵家义．大型多功能蒸渗仪的研制[M]．中国科学院禹城试验站年报(1988 ~ 1990)．北京：气象出版社，1991.

[12] Michael R，Rosen，John Bright，et al Reeves. .Estimating Rainfall Recharge and Soil Water Residence Times in Pukekole，New Zewland，By Combing Geophysical，Chemical and Isotopic Methods [J]. Ground water，Nov/Dec 1999;37，6:836 ~ 844.

[13] Allison G B . Vadose zone techniques for estimating groundwater recharge in arid and semi arid regions.Soil science journal. 1994.58(1).

[14] Eriksson E ，Khunakasem V. Chloride concentrations in groundwater recharge rate and rate of deposition of chloride in the Israel coastal plain[J] . Journal of Hydrology，1969，178.

[15] 陈植华，徐恒立．确定干旱—半干旱地区降水入渗补给量的新方法——氯离子示踪法[J].地质科技情报，1996(3)：87 ~ 92.

[16] 许志荣，等．河南省商丘地区浅层地下水资源评价攻关研究报告[M]．河南省地质局，1980.

[17] 张平．降水入渗补给地下水地影响因素[J]．辽宁大学学报，1999(2)：118 ~ 122.

[18] 李文兴．数学(物理)模拟计算中的降水补给处理[J]．工程勘察，1997(6)：36 ~ 41.

[19] 刘廷玺，等．次降水入渗系数和地下水埋深及次降水量关系的分析与研究[J]．内蒙

古农业大学学报, 2002(2)：40 ~ 43.

[20] Rubin J, Steihardt，R. Soil water relation during rain infiltration[J]. soil sci.soc.Am.proc，1999, 28(1).

[21] Viswanathan.R Theory of infiltration[J]. Soil Sci.Soc.Am.Proc. 1994. 39.

[22] 李云峰. 降水补给潜水地滞后分配[J]. 勘察科学技术, 1997(3)：22 ~ 25.

[23] 吴金全. 地表水、土壤水及地下水相互转化关系的研究[J]. 武汉水利电力大学学报，1989：108 ~ 112.

[24] 陈崇希. 滞后补给权函数——降水补给潜水滞后性处理方法[J]. 水文地质工程地质，1998(15)：22 ~ 24.

[25] JinquanWu. Analysis of rainfall-recharge relationships[J]. Journal of Hydrology. 1996，177.

[26] 王增银，李世忠. 降水延迟补给系统分析[J]. 勘察科学技术，1998(4)：11 ~ 14.

[27] Mein R G，Larson C L. Modeling infiltration during a steady rain[J]. Water Resource Res.，1993，9(2): 384 ~ 394.

[28] 周金龙. 新疆平原区"四水"转化关系实验研究[M]. 乌鲁木齐：新疆科技卫生出版社，2002.

[29] 周旻，靳孟贵，等. 利用地中渗透仪观测资料进行降水入渗补给规律分析[J].地质科技情报，2003(3)：37 ~ 40.

[30] Peter A C Raats. Development in soil-water physics since the mid 1960s[J]. Geoderma 100(2001)355 ~ 387.

[31] Simunek J，Senja M， Van Genuchten，M Th. The HYDRUS-2D software package for simulating water flow and solute transport in two-dimensional variably saturated media[J]. Version 1.0 Research Report，U.S. Salinity Laboratory，Riverside，CA. 1996.

[32] Heinen M，De Willigen P. FUSSIM2: A two-dimensional simulation model for water flow，solute transport， and root uptake of water and nutrients in partly unsaturated porous media[J]. Quantitative Approaches in Systems Analysis No 20，1998：140.

[33] Philip J R. Plant water relations: Some physical aspects[J]. Annual review of plant physiology. 1966(17)：245 ~ 268.

[34] Hillel D. Soil and Water Physical Principles and Processes[M]. Academic Press，New York，1971.

[35] Hillel D. Application of Soil Physics[M]. Academic Press，NewYork，1980:312.

[36] Hillel D. Computer Simulation of Soil Water Dynamics[M]. Academic Press，New York，1977：252.

[37] 张蔚榛，张瑜芳. 垂直一维均质土壤水分运移的数值模拟[J]. 工程勘察，1984(4)：68 ~ 72.

[38] 雷志栋，杨诗秀，谢森传. 土壤水动力学[M]. 北京：清华大学出版社，1988.

[39] Chanzy A，L Bruckler. Significance of soil surface moisture with respect to daily bare soil evaporation[J]. Water Resources Research. 1993，29(4)：1113 ~ 1125.

[40] 王文焰. 黄土中砂层对入渗特性的影响[J]. 岩土工程学报，1995(5)：33 ~ 41.
[41] 张光辉. “三水”转化定量关系研究[J]. 勘察科学技术，1992(1)：113 ~ 116.
[42] 冯绍元. 用人工降水和数值模拟方法研究降水入渗规律[J]. 水利学报，1998(11). 17 ~ 25.
[43] Jacob Bear. Dynamics of Fluids in Porous Media[M]. Published in 1972 by American Elsevier Publishing Company，Inc.
[44] Nielsen，D R Jackson，et al. Soil Water[M].American Society of Agronomy and Soil Science Society of America，1972：220.
[45] Kutilek M，D R Nielsen. Soil Hydrology. Geo-ecology Textbook[M]，Catena Verlag Ger-many. 1999：370.
[46] 庄季屏. 四十年来的中国土壤水分研究[J]. 土壤学报，1989，26(3):241 ~ 247.
[47] 康绍忠，刘晓明，等. 土壤–植物–大气连续体水分传输理论及其应用[M]. 北京：水利电力出版社，1994.
[48] 杨邦杰，隋红建.土壤水热运动模型及其应用[M]. 北京：中国科学技术出版社，1997.
[49] 荆恩春. 土壤水分通量法实验研究[M]. 北京：地震出版社，1994.
[50] 沈振荣. 水资源科学实验与研究[M]. 北京：中国科学技术出版社，1992.
[51] Boonsta J，M N Bhutta. Groundwater recharge in irrigated agriculture: the theory and practice of inverse modeling[J]. Journal of Hydrology.1996，174:357 ~ 374.
[52] 刘昌明，窦清晨. 土壤–植物–大气连续体模型中的蒸散发计算[J]. 水科学进展，2002，3(4):255 ~ 263.
[53] 康绍忠，刘晓明，等. 土壤–植物–大气连续体水分传输的计算机模拟[J]. 水利学报，1992，3:1 ~ 12.
[54] 冯广龙，罗远培. 以土壤水分为参变量的根冠系统模拟调控模型[J]. 水科学进展，1998，9(3):224 ~ 230
[55] 吴擎龙，雷志栋，等. 求解 SPAC 系统水热输移的耦合迭代计算方法[J]. 水利学报，1996，2:1 ~ 10.
[56] 任理. 有限解析法在求解非饱和土壤水流问题中的应用[J]. 水利学报，2001，10:55 ~ 61.
[57] 朱学愚，谢春红，等. 非饱和流动问题的 SUPG 有限元素数值法[J]. 水利学报，1994，6:37 ~ 42.
[58] Edwards W M，Vander Ploeg R R，Ehlers W. Anumerical study of the effects of noncapillary-sized pores upon infiltration [J]. Soil Sci Soc AmJ，1979，43:851 ~ 856.
[59] Germann P F，Beven K. Water flow in soil macropores，I An experimental approach[J]. J Soil Sci，1981，32:1 ~ 13.
[60] Germann P F，Beven K. Kinematic wave approximation to infiltration into soils with sorbing macropores [J].Water Resour Res，1985，21:990 ~ 996.
[61] Lee K E. Earthworms: Their ecology and relationships with soil sand landuse [M]. Sydney Australia: Academic Press，1985.

[62] Van Genuchten, F J Leig, L J lund.Indirect Methods for Estimating the Hydraulic Properties of Unsaturated Soil. Proceedings of the International Workshopon Indirection Method for Estimating the Hydraulic Properties of Unsaturated Soil[M]. California, USA, 1992: 468.

[63] Jury W A, K Roth, et al. Evaluating role of preferential flow on solute transport through unsaturated field soils[M]. Field-scale water and solute flux in soils. 1982.

[64] D Rassam, J Simunek and M Th. van Genuchten. Modelling Variably Saturated Flow With HYDRUS-2D[M], 2002.

[65] 陈崇希，唐仲华. 地下水流动问题数值方法[M]. 武汉：中国地质大学出版社，1990

[66] Šimůnek J, Šejna M, van Genuchten M TH. The HYDRUS-1D software package for simulating the one-dimensional movement of water, heat, and multiple solutes in variably-saturated media(Version 2.0)[M]. California: Colorado School of Mines Publishers, 1998.

[67] 张宏仁. 有限差分法的改进[J]. 水文地质工程地质，1994(2)：27 ~ 30.

[68] 孔德坊. 工程岩土学[M]. 北京：地质出版社，1992.

[69] Leij F J, Alves W J, van Genuchten M Th.The UNSODA Unsaturated Soil Hydraulic Database(User's Manual Version 1.0).

[70] 张蔚榛，等. 地下水文与调控[M]. 北京：中国水利水电出版社，1998.

[71] 周振民，许拯民. 降水入渗补给灵敏度及其计算方法研究[J]. 水文，2004(4)：9 ~ 12.

[72] 雷志栋，胡和平，杨诗秀. 土壤水研究进展与评述[J]. 水科学进展，1999(3)：311 ~ 318.

[73] 徐绍辉，张佳宝. 土壤中优势流的几个基本问题研究[J]. 水文地质工程地质，1999(6)：27 ~ 31.

[74] 郭生练，熊立华，杨井. 基于 DEM 的分布式流域水文物理模型[J]. 武汉水利电力大学学报，2000，33(6):1 ~ 5.

[75] 王全九，来剑斌，李毅. Green-Ampt 模型与 Philip 入渗模型的对比分析[J]. 农业工程学报，2002，18(2):13 ~ 16.

[76] Youngs E G. Infiltration measurements—Areview. Hydrological Processes[J], 1991, 5:309 ~ 320.

[77] Besbes M, Marily G. From infiltration to recharge: use of aparametric function. Journal of Hydrology[J].1994, 74:271 ~ 293.

[78] Dagan G, Breseler E. Solute transport in unsaturated heterogeneous soil at field scale T, Theong, Soil Soc A M J[J].1997, 43:461 ~ 467.

[79] 刘兆昌，聂永丰，张兰生，等. 重金属污染物在下包气带饱和水条件下迁移转化的研究[J]. 环境科学学报，1990，10(2):162 ~ 172.

[80] 杨金忠. 一维饱和与非饱和水动力弥散的实验研究[J]. 水利学报，1986，3:10 ~ 20.

[81] 杨邦杰，隋红建. 土壤水热运动模型及其应用[M]. 北京:中国科学技术出版社，1997